聚合物驱后油藏新型采油菌种的构建和应用

郝春雷　闻守斌　胡绍彬　著

石 油 工 业 出 版 社

内 容 提 要

本书着重介绍了一种可应用于聚合物驱后油藏的采油菌种。该菌种能够降解残留在聚合物驱后油藏中的聚合物，还能产生表面活性剂提高采收率。内容主要涉及该菌种的性能、作用机理、构建方法，以及实际应用等情况。这为解决聚合物驱后油藏采收率难以继续提高的问题提供了新的选择。

本书可供油田开发科研人员以及高等院校相关专业师生参考。

图书在版编目（CIP）数据

聚合物驱后油藏新型采油菌种的构建和应用/郝春雷，闻守斌，胡绍彬著.—北京：石油工业出版社，2009.5

ISBN 978-7-5021-7095-0

Ⅰ.聚…

Ⅱ.①郝… ②闻… ③胡…

Ⅲ.高聚物-化学驱油

Ⅳ.TE357.46

中国版本图书馆CIP数据核字（2009）第050143号

出版发行：石油工业出版社

（北京安定门外安华里2区1号 100011）

网 址：www.petropub.com.cn

发行部：（010）64523620

经 销：全国新华书店

印 刷：石油工业出版社印刷厂

2009年5月第1版 2011年12月第2次印刷

787×1092毫米 开本：1/16 印张：8.75

字数：220千字

定价：35.00元

（如出现印装质量问题，我社发行部负责调换）

前　言

近年来，我国东部大多数油田尤其是大庆油田基本上都已进入高含水期，聚合物驱等三次采油技术已得到广泛应用。但是有很多学者认为，由于聚合物不能降低油水界面张力，其驱油作用是有限的，大量残余油仍留在油层内。而且，驱油用聚合物在聚合物驱结束后会残留在油藏中，特别是中—低渗透层。聚合物滞留在油藏中虽能在一定程度上改善流度比，但会阻断后续驱油剂与残余油的接触，进而影响其效果，给后续提高采收率的工作带来麻烦；而且还会使油层渗透率和孔隙度明显下降，降低产液量。为了提高聚合物驱后油藏采收率，目前常使用黏度更大的聚合物或凝胶等强化水驱和调剖技术。不过原聚合物仍会部分滞留在油藏低渗透层中，而新注入聚合物的滞留问题又会接踵而至。这样，当驱油效率不再提高时，将很难进一步提高采收率。

我国油田使用的驱油聚合物基本上均为聚丙烯酰胺（Polyacrylamide，简称 PAM）类聚合物，它在油藏中黏度大而且难以降解，目前很难找到能有效清除它的方法。不过，微生物能降解驱油用 PAM，分解 PAM 成为自己的营养源。如能找到一种能高效降解聚合物的细菌，再辅以其他三次采油技术，就能充分利用微生物技术的优点，在一定程度上解决聚合物驱后油藏出现的问题。

根据对前人工作调研分析，本书试图开辟一条研究聚合物驱后油藏微生物驱油关键技术和理论的新途径，以解决现场实际问题为目标，以实验研究为主要途径，力争开发出一种适合于聚合物驱后油藏的菌种，为最终实现聚合物驱后微生物驱油技术产业化奠定基础。

本书主要包括如下内容：

(1) 简要介绍聚合物驱后油藏的一般特征、油藏常用驱油方法、微生物降解聚合物的特性等内容，并对目前已进行的聚合物驱后油田微生物驱油技术的优缺点加以分析。

(2) 从聚合物驱后油田产出水中筛选出 4 株能明显降解驱油用聚合物的细菌，检测各种环境因素、营养因素对细菌生物活性的影响，测定在最佳条件下聚合物降解菌种对聚合物黏度和相对分子质量的影响。

(3) 通过仪器分析聚合物侧链基团的变化同其相对分子质量变化的关系，推测微生物降解聚合物的生物化学机理。

(4) 对2株能够产生生物表面活性剂的常规驱油菌的营养条件、环境条件进行测定，并检测表面活性剂代谢菌对原油黏度、溶液表面张力等油、水指标的改变。

(5) 选取降解 HPAM 能力较强的细菌，以它和1株表面活性剂代谢菌为亲本，通过基因重组技术，构建出1株同时具有降解聚合物和产生表面活性剂的基因工程菌。

(6) 根据该菌株和其他微生物之间存在的拮抗、共生等关系对驱油菌种的组成进行进一步优化。通过物理模型方法研究菌种在多孔介质中生长、繁殖对提高采收率的作用。并初步确定菌种的最佳驱替方案，为现场应用提供指导。

(7) 将所构建的聚合物驱后油藏驱油菌种应用于大庆油田，分析所取得结果，证明该菌种的实际功效。

本书在撰写过程中得到了大庆石油学院各位老师的诸多帮助，在此向他们表示衷心感谢！由于作者水平有限，书中难免有疏漏和不妥之处，恳请专家和读者批评指正。

目　录

第一章 综 述

第一节 聚合物驱油后遗留的问题

一、聚合物驱油技术目前的应用情况和机理

聚合物驱在美国开始于20世纪50年代末和60年代初期，1964年进行了现场试验。从70年代到1985年，美国共进行聚合物驱矿场试验183次，一般都取得了较好的经济效益。除美国之外，前苏联的奥尔良油田、阿尔兰油田，加拿大的Horsefly Lake油田、Rapdan油田，法国的Chatearenard油田，以及德国、阿曼等国都进行了聚合物驱工业化试验，原油采收率提高了6%～17%。在加拿大、德国及中国，聚合物驱在提高采收率方法中占有明显的地位[1]。

在中国，聚合物驱油技术得到了充分的发展。自1972年在大庆油田开展小井距的聚合物驱试验以来，在聚合物驱室内研究、数值模拟技术、注入工艺以及动态监测技术等方面进行了大量的研究和试验。目前，聚合物驱在中国的大庆、大港、河南、吉林、胜利等油田已进入工业化应用阶段。其中，大庆油田聚合物驱油自1996年进入工业化大规模生产以来，聚合物驱产量占全油田产量的比例逐年增大，截至2003年，聚合物驱油产量已占全油田总产量的25.5%，聚合物驱油技术目前已成为大庆油田提高采收率的一项重要技术措施[2,3]。

中国使用的驱油聚合物主要是聚丙烯酰胺（PAM）或部分水解聚丙烯酰胺（HPAM），它们是线性共聚的高分子化合物，具有水溶性。总的来说，聚合物进入油层后，将会产生两项重要作用[4]：一是增加水相黏度；二是因聚合物的滞留引起油层渗透率下降。因此聚合物驱油提高石油采收率的基本原理可概括为两点：

(1) 在水溶剂中加入聚合物可增加驱替水的黏度，由此极大地降低油水流度比，以减缓水驱指进现象，改善油层横向及微观孔隙结构的非均质状况，缓解窜流、绕流等现象，增加驱替水的波及体积。

(2) 改善驱替水在垂向油层间的分配比，调整吸水剖面，增强低渗透层和正韵律沉积层内上层部位吸水能力，从而减缓水沿高渗透层窜进的现象，改善驱替水的波及体积。同时，因为聚合物溶液与原油之间的剪切力大于水与原油间的剪切力，所以聚合物溶液的前端对其后边及孔道边界处的残余油具有弹性的“拉、拽”作用。

二、聚合物驱油技术的局限性与其限制性因素

聚合物驱是一项较成熟的三次采油技术，该技术可提高采收率8%～15%，但它存在以下问题：

(1) 聚合物溶液虽有调剖作用，但不能控制高渗透层（特别是特高渗透层）；

(2) 聚合物驱后恢复水驱时存在指进现象，油井产液的含水率上升快；

(3) 聚合物驱后地层残留着大量聚合物；

(4) 聚合物在地层中存在不可入孔隙体积（约 5%～30%），减小了聚合物驱的波及体积；

(5) 聚合物驱不存在低油水界面张力所产生的洗油能力。

1. 聚合物驱油技术有可能无法提高采收率

有很多学者认为，由于聚合物不能降低油水之间的界面张力，聚合物驱与常规水驱的最终残余油饱和度将是相同的。赵永胜等通过对现场试验结果的分析，发现如果没有时间限制，聚合物驱油井的最终驱油效率将和水驱油井相同，而驱油效率定义本身是无时限的，这便证实了上述理论[5]。因此，聚合物驱虽然在短期内表现为驱油效率显著提高，但从长期来看，其驱油作用是有限的，大量残余油仍滞留在油层内，聚合物驱后如何进一步提高采收率的课题便摆在了人们面前。

王新海等[6]认为，对于正韵律油层，聚合物驱有明显的提高采收率的作用。但对于反韵律油层，聚合物驱提高采收率的幅度比正韵律油层小，在某些不利的条件下，则可能不提高甚至降低采收率。

2. 聚合物驱油后的剩余油分布

经过研究与实践表明，聚合物驱后剩余油分布较水驱更为复杂、零散。在微观上，剩余油是以油滴或段塞形式存在于大孔道之间或一些流动性不好的通道中，如果孔道亲油，则孔壁上也会有油膜[7]。在宏观的水平方向上，剩余油主要分布于断层遮挡区域、井网不完善区域以及注水非主流线区域；在纵向上，剩余油主要分布在低渗透层，油层的非均质性越高，中—低渗透层相对含量越高，其剩余油饱和度可达 33%～52%[8]。

根据大庆勘探开发研究院进行的聚合物驱后岩心中剩余油分布特征研究（见图 1－1），从北一区断西取心井的资料分析认为聚合物驱剩余油以下列几种形式分布：①油层顶部存在剩余油；②岩性交互变化，油层发育较差部位存在剩余油；③层间干扰使水洗程度减弱存在剩余油。所以，聚合物驱后油层内仍存在可观的剩余油。

3. 聚合物驱后油藏的聚合物滞留

聚合物在地层中的滞留是不可避免的[9,10]。聚合物适量的滞留有利于降低水相渗透率，从而达到减小水油流度比的目的。但在驱油过程中，大分子聚合物在孔隙介质中的滞留，不仅会使聚合物损失增多，使聚合物增黏作用减弱，严重时会导致流度控制失败，而且会改变孔隙结构，降低渗透率，损害地层[11]。

聚合物在多孔介质中的滞留有三个主要机理：吸附滞留、机械捕集和水力滞留，其中最主要的是吸附滞留。

聚合物的吸附是高分子与矿物表面相互作用的结果，地下岩石的性质直接影响吸附。岩性对聚合物的吸附影响至少有两个：①矿物质的化学性质，直接影响高分子与矿物表面的相互作用；②比表面，研究表明黏土的比表面明显高于岩石。所以，岩石的成分和结构对吸附量影响的大小为：蒙脱石＞伊利石＞高岭石＞长石＞石英。除了岩石的物理、化学性质，聚合物的水解度对吸附也有明显的影响，其影响趋势是随水解度增高而下降。这种变化可解释为，一般油层岩石的表面带负电，水解度的增加使其分子的负电性增加，从而使其与岩石表面的斥力增大。另外水解度增加，使聚合物分子有效体积增大，从而使单位面积上吸附的分子数减少。

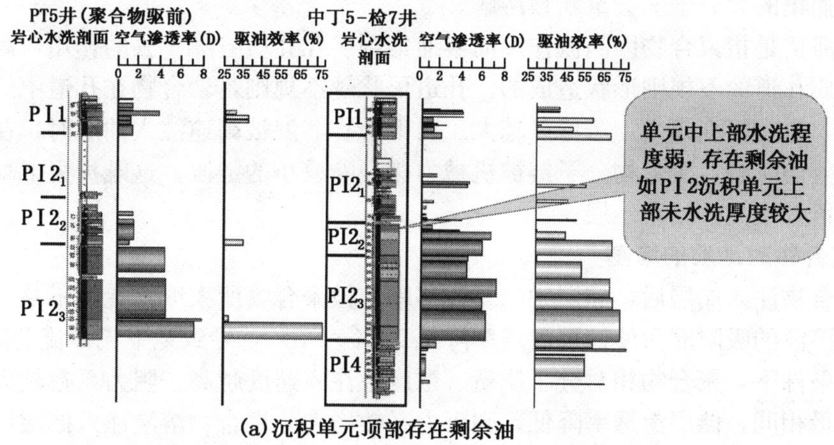

(a)沉积单元顶部存在剩余油

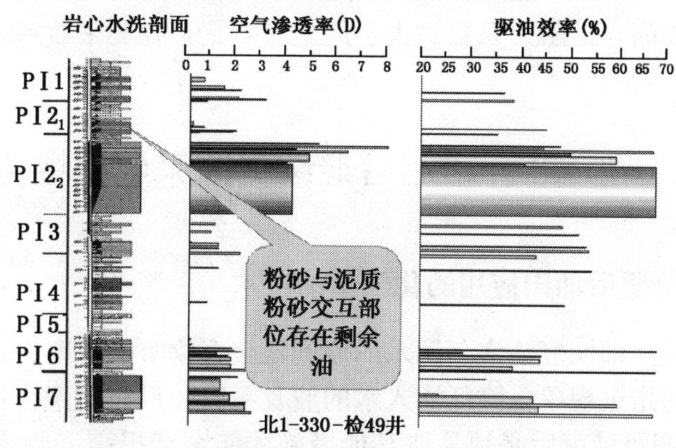

(b)油层发育较差部位存在剩余油

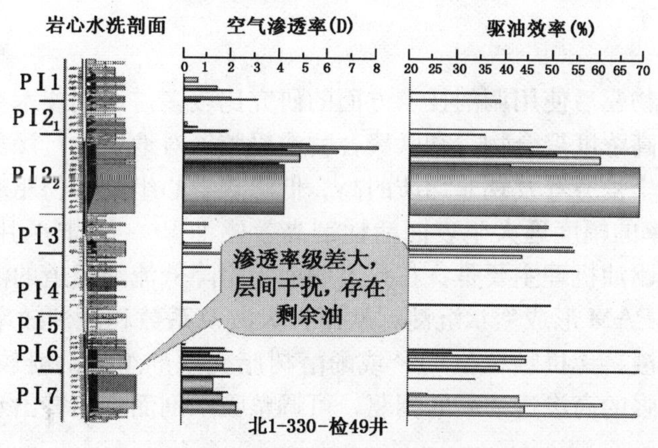

(c)层间干扰使水洗程度减弱存在剩余油

图 1-1 聚合物驱后剩余油的分布

机械捕集是大分子聚合物在小孔隙入口处的一种过滤作用。发生机械捕集的聚合物分子在水中无规则线团的半径虽小于喉道半径，但它们可以通过“架桥”而滞留在喉道外，滞留的结果会使聚合物浓度降低，同时堵塞小孔隙。这种滞留是可逆的，当聚合物浓度减小时，被捕集的大分子又会重新被溶解。

水力滞留是指聚合物因涡流作用而被捕集到多孔介质缝隙中去的作用，涡流作用是由于多孔介质孔道的不规则形状造成的。孔道形状越不规则，聚合物在孔道中流动方向改变次数越多，改变幅度越大，滞留量越大。当聚合物溶液被高速注入油层时，在井底附近将发生机械剪切降解，聚合物分子链被机械力撕裂断成小的链段，这既损失了聚合物，又使得水力滞留量增大，堵塞地层。

4. 聚合物对地层的堵塞

当聚合物注入储层后，储层中的易迁移颗粒被聚合物所束缚，变为不易迁移颗粒，这种聚合物溶液的吸附滞留使储层渗透率降低75%～96%，导致地下流体流动阻力增大[12]。相同岩心条件下，聚合物相对分子质量、浓度、注入速度越高，阻力系数越大；聚合物相对分子质量相同，储层渗透率降低，则阻力系数增大。聚合物溶液注入储层后，地下流体的流动阻力对聚合物驱油效果影响很大，研究表明：在一定的范围内，采收率随地下流体阻力系数的增加而提高，但阻力系数过大会严重影响聚合物驱采收率，这种影响对中、低渗透层尤为突出。

第二节　聚合物驱后继续提高采收率的方法

一、目前聚合物驱后油田应用的化学驱油技术

若在聚合物驱后立即恢复注水，因水的流度比聚合物溶液流度大，就会造成高流度流体驱替低流度流体的指进现象，降低注入水的波及系数，最终使聚合物驱后的油井很快水淹[13]，所以在聚合物驱结束后必须采取其他措施才能继续提高采收率。聚合物驱后提高采收率技术从工作原理上分主要有两大类，即：调剖技术和高效洗油技术，这些技术是具有四次采油性质的技术。

1. 调剖技术

胜利油田在聚合物驱后使用调剖技术方面的研究比较多。调剖技术有很多种，一是注入高相对分子质量、高浓度聚合物、交联聚合物或凝胶等对地层进行深部调剖，进一步提高水驱的波及系数。李爱芬等发现非均质的高、低渗双岩心组聚合物驱后，使用阳离子聚合物HCP提高采收率的幅度远大于表面活性剂高效驱油[14]。HCP为用环氧丙基三甲基氯化铵醚化的淀粉，驱油机理主要是：在孔道壁面吸附降低流经通道的渗透率，并且能与地下残留的聚合物HPAM形成絮状沉淀，从而扩大波及系数和洗油效率。胜利油田还开发了由聚丙烯酰胺乳液、无机颗粒和Cr^{3+}或酚醛树脂交联剂组成的凝胶复合体系[15]。该体系适用于非均质性强的高渗透油藏的调驱，可调整吸水剖面，驱替出水驱不能波及到的低渗透油藏内的原油。

除了直接注入调剖剂进行深部调剖外，还可使用地层残留聚合物的再利用技术，该技术主要利用地层残留聚合物封堵高渗透层，提高水驱的波及系数[16～19]。残留聚合物再利用技术包括絮凝技术和固定技术，其中絮凝技术主要是利用地下低质量浓度的聚合物，通过注入絮凝剂使残留聚合物聚集封堵大孔道。絮凝技术所用的絮凝剂为各种固体颗粒以使聚合物附着，主要有稳定化钠土、粉煤灰等。固定技术则是利用地下高质量浓度的聚合

物，使用固定剂使其交联，固定技术所用的固定剂主要是多价金属离子（如醋酸铬与乳酸铬）或多官能团有机物（如酚醛树脂）。常用工艺流程为：先注入絮凝剂对这部分聚合物溶液再利用，形成絮凝体对高渗透层产生封堵；再注入固定剂溶液进入聚合物浓度较高的次高渗透层，通过交联形成交联体起到深部调剖和驱油作用，即“聚合物驱—水驱—絮凝—固定—水驱”。该方法提高采收率程度很高，并为后续深部调剖和活性水驱奠定了良好的基础。该方法在河南油田和孤岛油田矿场试验取得了很好效果。

此外，泡沫驱也可用于聚合物驱后油层的调剖，泡沫体系的阻力因子是聚合物的数倍以上，表观黏度大，具有较强的封堵调剖能力，其注采压差明显高于同浓度聚合物溶液[20]。实验证明，聚合物驱后单一聚合物的二次注入效果较差，经济风险大，而强化泡沫的多次注入效果良好，累计段塞达到1PV时提高采收率高达34%；在聚合物驱后残余油含量较低，并且剩余油分布不均匀性的条件下，仍然能够较大幅度地提高原油采收率，特别是对于低渗透层提高采收率的能力明显优于聚合物。

2. 高效洗油技术

高效洗油技术就是利用阴离子和非离子表面活性剂降低油水界面张力，将残余油从孔壁上“洗”下来，从而增加洗油效率。这既弥补了聚合物驱机理的不足，也弥补了聚合物不可入孔隙体积所损失的那部分波及系数[21,22]。王刚等发现超低界面张力的甜菜碱表面活性剂改变了油水界面条件和三相接触点的平衡条件，在驱替过程伴有润湿反转，可以驱替膜状类残余油、油柱状类残余油和亲油盲端中残余油。因为聚合物驱扩大了波及范围，所以表面活性剂体系驱替聚合物驱后残余油比驱替水驱后残余油均匀，波及范围大，且波及区域的洗油效率较高。不过，聚合物驱后用表面活性剂驱油仍然不能很好地控制油水流度比，波及效率不高，且少部分主流道区域中的残余油被“推进”到两侧边。所以，聚合物驱后单独使用表面活性剂驱目前大都是室内研究，现场实验中通常是将表面活性剂驱同聚合物、泡沫等方法相结合来进行。

大庆油田对聚合物驱后的表面活性剂复合驱研究较多。实验发现在聚合物驱之后交替注入0.60PV的天然气泡沫和0.30PV碱液+表面活性剂（AS）二元复合溶液。在变异系数为0.80和0.72的岩心采收率增幅分别为20.9%和17.5%，累积采收率分别为67.3%和71.4%。大庆油田在聚合物驱后三元复合驱技术方面比较成熟，主要进行过聚合物驱后采用碱/表面活性剂/聚合物（ASP）三元复合体系、碱/表面活性剂/交联聚合物三元复合体系（交联三元复合体系）、交联聚合物体系（胶态分散凝胶，CDG）段塞加三元复合体系段塞组合，以及低碱浓度的ASP三元复合驱等，它们都能进一步扩大波及体积，可以在一定程度上进一步提高原油采收率13.5%～16.0%[23～25]。

除大庆油田外，胜利油田选取了聚合物驱较为典型的孤岛中一区 Ng_3 油藏开展了石油磺酸盐/聚合物二元复合驱油体系实验，结果表明优化的二元复合驱油体系与原油可达到超低界面张力状态，其吸附量小，热稳定性及驱油效果好，可提高采收率10.6%，优于单一聚合物驱，且具有较好的调剖能力[26]。

由上可知，目前进行的聚合物驱后油藏继续提高采收率研究，主要集中于继续使用聚合物或凝胶等强化水驱和调剖，或将表面活性剂和聚合物结合的二元、三元驱替。这些方法都能继续大幅度提高采收率，不过原聚合物仍会留在油藏低渗透层中，难以清除，而新注入聚合物的滞留问题又会接踵而至。这样，当驱油效率不再提高时，将很难再使用新的驱油方法进一步提高采收率。

二、聚合物驱后解堵技术

目前油田针对聚合物驱后油井解堵的方法主要是应用化学解堵剂解堵，根据其原理主要分为两大类：一类是通过其强氧化性降解聚合物的碳链使其分子团变小；另一类是通过其电离属性使聚合物碳链彼此分开，或改变储层的性质，阻止聚合物对其的吸附。

聚合物的氧化降解是引起聚合物降解的因素，属于自由基反应，可导致聚合物骨架断裂，使聚合物溶液黏度大幅度降低[27]。在选择可降解聚合物的氧化剂时，二氧化氯因具有溶解硫化亚铁和解除细菌堵塞的性能，已被成功用于注水井解堵。室内实验结果表明，二氧化氯溶液与 HPAM 溶液混合，在作用 3h 后 HPAM 溶液的黏度下降 80%；二氧化氯溶液与聚合物铬凝胶作用 12h 后，大部分凝胶解体，产生少量的絮状沉淀。比如 DOC－8 聚合物解堵剂[28]和新生态二氧化氯复合解堵剂[29]等都属于二氧化氯类解堵剂。除二氧化氯以外，常用氧化剂还有过氧化钙、过硫酸钾等，复配破胶剂[30]、JHW 复合解堵剂和 HJS 聚合物解堵剂[31]等都属于这类不含二氧化氯的强氧化型解堵剂。上述各种氧化剂法见效快，效能高，但是作用半径通常较短，难以处理远井带的残留聚合物。

李君等研制了不含强氧化剂的 JY21 解堵剂。该剂由一种新型解堵主剂、少量弱氧化剂、酸性剂和络合剂组成。主剂是含有强电负性基团的有机物，分子中有机链部分与 HPAM 分子相互吸引，而含有强负电性的基团对 HPAM 的酰胺基和水解酰胺基具有强电斥性，这种分子间的相互吸引与排斥作用使 HPAM 分子不断地从聚合物胶团表面层剥离，使胶团尺寸不断变小，直至完全溶散。刘军等开发了一种防堵剂 SC－3，它是由单分子有机双季铵盐、洗油剂（表面活性剂）、螯合剂组成的无色液体。其中单分子有机双季铵盐在岩层表面形成单分子沉积膜，改变储层表面的性质，降低聚合物与岩心表面间的吸引力，减少聚合物在地层中的吸附。SC－3 处理的人造岩心在连续注入聚合物时，注入压力上升较慢且稳定值较低。

除了化学方法以外，河南油田在施工工艺上采用了高压射流解堵方法。高压射流在射孔井段上下移动，通过井下脉冲射流器在井下产生低频脉冲波，作用于近井地带，使沉积在地层孔隙内的机械杂质和堵塞物松动脱落，其脱落杂质悬浮在洗井液中被携带排出井筒。经解堵液的物理及化学作用溶解堵塞固体颗粒，使之分散于液体并增大孔隙喉道，提高油井产液量。

第三节　聚合物驱后实施 MEOR 的可能性

目前进行的聚合物驱后提高采收率和解堵技术的一个普遍问题就是，难以彻底清除油藏中的残留聚合物，它们一直是后续采油工作的隐患。而且，聚合物造成的环境污染问题可能会更加严重。如果能有一种环境友好并能有效清除油藏残留聚合物的方法，再辅以其他常规驱油方法，就会在最大程度上提高采收率。

国内外专家普遍认为利用微生物法可以提高聚合物驱后油藏的采收率。如果能证实微生物具有在油藏中降解驱油聚合物的能力，就可以找到一种在聚合物驱油后的油藏中通过生物手段处理地层滞留聚合物的方法，再结合常规 MEOR 最终达到提高采收率的目的。

一、微生物驱油技术的种类

微生物提高原油采收率技术也可以称为微生物强化采油（MEOR，Microbial Enhanced Oil Recovery）技术，它是指利用微生物生产有用的代谢产品或者利用微生物能够分解碳氢化合物的性能，从而提高原油采收率的技术[32]。该项技术具有成本低、适应性强、作业简单、对产层无伤害等优势，经进一步研究、完善后可以用于进一步提高聚合物驱等化学驱后的油藏和枯竭油藏的采收率，这已经引起世界各国的普遍重视。

微生物驱油技术是生物技术在原油生产领域中的应用，对于高含水和接近枯竭的老油田更显示出其强大的生命力。根据微生物作用地点，微生物驱油技术可分为两类：一类是利用微生物产品，如生物聚合物和生物表面活性剂作为油田用化学剂进行驱油，称为微生物地上发酵提高采收率工艺，即生物工艺法，目前该技术在国内外已趋成熟；另一类是利用微生物及其代谢产物提高采收率，主要是利用微生物地下繁殖和利用油层中固有微生物的活力，称为微生物地下发酵提高采收率方法。通常说微生物驱油是指利用微生物地下发酵提高采收率的方法。

用于驱油的微生物可分为油层中固有的微生物（也称为“本源微生物”）和从外部注入的微生物两种。针对油藏中固有的微生物选择合适的营养物质后注入到地层，“激活”本源微生物，这种方法在前苏联研究的较多。针对油藏特征，筛选出适合的微生物菌种，经过培养和发酵后连同营养物一起注入到地层，它们可以在地面上培养到有充足的生物量后再注入地层中，从而能更快发挥作用，减少关井时间。这种方法在美国研究较多，我国目前的试验工作也集中在该领域。

按照作业方式，注入微生物和营养物的微生物提高采收率技术又可以分为微生物调剖、微生物单井处理法、微生物驱和微生物清蜡等几种。

1. 微生物驱

在水驱油藏中开展微生物强化水驱，可有效地提高水驱效率。将菌种和营养液混合而成的微生物处理液由注水井注入地层，处理液被注入水推进通过油层时，微生物代谢作用产生溶剂、表面活性剂、有机酸、气体并繁衍出新细菌，这些代谢产物通过物理、化学作用将岩石孔隙中的原油释放出来，使不能流动的原油以油水乳化液的形式被注入水驱向生产井，从而提高油井产量，延长油井寿命。

2. 微生物调剖

也就是微生物选择性封堵地层。把能产生生物聚合物的微生物注入地层，或向地层注入适当的营养液，使微生物在高渗透层内大量繁殖形成生物多糖，它们代谢过程中产生的生物聚合物成膜黏附在孔隙表面，封堵高渗透带，提高波及效率；菌体自身也有堵塞孔隙的作用。

3. 微生物单井处理

将微生物、营养液、生物催化剂注入一口生产井内关井一段时间，关井数天到数周，使其在井筒周围及近井地带繁殖并与原油和地层作用，然后开井生产，经过一段时间的生产，当产量明显下降时，重复上述过程，周而复始。所以该方法亦称为“周期性处理”或“吞吐”法。

4. 微生物清蜡和降低重油黏度

微生物清蜡可以代替溶剂的使用和热油处理方法，细菌以蜡质脂肪烃为“食物”烃，使烃降解并产生溶剂或活性物质，对近井区域地层能起到很好的清洗作用。

二、驱油微生物的特点

驱油微生物是油田开采中使用的以提高采收率为目的的微生物，仍然具有普通微生物的共性。此外，要达到提高采收率的要求，驱油微生物至少还应该具有以下特点。

1. 能够在油藏条件下旺盛地生长繁殖

微生物在油藏条件下存活、生长与繁殖是微生物提高采收率的前提条件，因此，所应用的微生物必须适应油藏的矿物岩性、油藏温度、地层压力和地层流体性质（包括原油性质和地层水的性质，如矿化度、pH 值等）。

2. 代谢产物能够有利于提高原油采收率

代谢产物的类型和产量始终是微生物提高采收率最为重要的基础，虽然微生物的代谢产物十分复杂，但从提高采收率的角度，代谢产物的类型主要为：气体、酸、有机溶剂、生物表面活性剂、生物聚合物等。微生物的活动及各产物的作用见表 1－1。

表 1－1　驱油微生物的代谢产物及其作用

产物的类型	作　用
气体（CO_2，CH_4，H_2，N_2）	增加驱动压力 溶解于原油中，改善流动性
有机酸	溶解孔喉中的碳酸盐岩或碳酸盐岩的胶结构 与碳酸盐岩反应产生 CO_2
有机溶剂	溶解于原油中降低原油黏度 溶解孔喉中重质组分
生物表面活性剂	降低水—油—岩石界面张力 乳化原油 改变润湿性
生物聚合物	提高驱动相黏度，改变流度比 堵塞高渗透层
生物体（细胞）	细胞体堵塞高渗透层 细胞体在水—油界面繁殖，降低界面张力 细胞体在水—岩石界面繁殖，改变润湿性

3. 能够与地层的原生菌配伍

微生物与其他种类微生物共同生活在一起时，呈现着各种不同的关系，主要有共生、互生和抗生三种作用。两种微生物生活在一起，双方互得其利的叫做共生；一种微生物发育了以后，造成了另一种微生物生长发育的条件良好，谓之互生；一种细菌生长后能产生一种产物，抑制或杀害其他微生物，称为抗生作用。MEOR 要求在油藏中生活的本源菌至少不能对注入微生物产生抗生作用，即不能抑制注入菌种的生长。当然，如果注入菌反过来能抑制不利于提高原油采收率的本源菌则更好。

除了上述三个特点外，要充分发挥微生物驱油的潜力，还要求微生物能以原油烃作为其唯一碳源，最理想的是它能够选择性地利用原油中对黏度影响大的组分作为营养源；在油藏中生长繁殖过程中不容易变异，或变异以后的代谢产物仍然利于提高原油采收率；另外，所选微生物应无环境污染问题。

三、微生物采油技术一般特点

微生物提高原油采收率技术以其成本低、适应性强、作业简单、对产层无伤害等优势，尤其是该技术经进一步研究、完善后可以用于进一步提高聚合物驱等化学驱后的油藏和枯竭油藏的采收率，已经引起世界各国的普遍重视。

微生物驱油机理比较复杂，就目前所知可归纳为如下几点[33~35]：

（1）微生物的生长代谢可以将原油中的重质组分分解为轻质组分，将大分子的烃类转化为低分子质量的烃，从而降低原油黏度，使其流动性能得到改善；

（2）微生物在油藏内代谢活动产生的 CO_2 等气体能增加油层内部的压力，增强原油的溶解能力，促进原来不连续原油区黏连成片，便于开采；

（3）微生物的生长代谢能促使原油释放出低分子质量的醇、脂肪酸、糖脂、生物表面活性剂等，降低油水界面张力，改善原油的流动性能（见表 1－1）；

（4）微生物代谢产生的生物聚合物可以有选择地堵塞较高渗透率的条带，使驱替流体转向渗透率较小的部位，扩大波及体积；

（5）微生物产生的酸性物质能溶解岩石，改善油层渗流；

（6）微生物中的厌氧菌产生的溶剂性产物能溶解原油，降低油水界面张力；

（7）微生物细胞能使储层表面润湿性反转，改变流动性能；

（8）微生物附着在岩石表面生长形成生物沉积膜，有利于细菌在孔隙中存活与延伸，扩大驱油面积等等。

微生物驱油技术与其他三次采油方法相比具有以下优点[36]：

（1）注入的微生物和培养基价格便宜，成本低，来源广，容易获得，便于应用，可以针对具体的油藏灵活调整微生物配方；

（2）微生物具有自我复制功能，注入到油藏中的细菌通过生长、繁殖，可以在一个很长的时期内起作用；

（3）几种机理同时起作用，效果显著，在现场试验中往往将具有不同功能的细菌一起注入地下，使它们共同起作用；

（4）设备与注入工艺简单，与注水驱替注入方式类似，微生物驱油现场试验不需要大型地面设备，注入工艺也很简单，因此，施工非常方便，成本低廉；

（5）不会对地层产生伤害、引起油和水质明显下降，也不会引起明显的结垢腐蚀或堵塞等问题；

（6）微生物只在需要它的地方繁殖并产生代谢产物，针对性较强；

（7）微生物体积小，运移能力强，能进入其他驱油工艺不能触及到的油层中的死角和裂缝；

（8）产物可以降解，不污染环境；

(9) 可开采各种类型的原油，尤其对重质原油效果优异；

(10) 微生物在现场可产生大量的化学物质。

四、聚合物驱后油藏微生物驱油的机理

如前所述，聚合物驱油后提高采收率所使用的常规化学方法主要有三大类：①进一步降低流度比和调整吸水剖面；②降低水油界面张力提高洗油效率；③降解清除近井地带的残留聚合物。目前所应用的MEOR技术可以完成上述三类化学作用：产生物为聚合物的微生物注入地层可用于调剖；生物表面活性剂代谢菌在油层中就地清洗残余油则更为常见。目前已有将生物酶用于聚合物驱油井解堵的报导。不过由于生物聚合物的强度和稳定性不如HPAM，同交联聚合物和凝胶的差距更大，所以将生物聚合物代谢菌用于聚合物驱后油藏的可行性不大。但微生物在位产生生物表面活性剂清洗残余油的效率依然很高，可用于聚合物驱后驱油。如果微生物能够高效降解油藏中HPAM，就不但可以降低因聚合物滞留引起的注入压力升高，还可以减轻油藏深处的残留聚合物所造成的负面影响。

目前推测的聚合物驱后油藏MEOR主要机理有如下几种[37]。

1. 降低注入压力

在聚合物驱过程中，聚合物会滞留在采出井附近，堵塞底层和射孔区，导致注入压力增大，随着聚合物的持续注入，压力会进一步升高。使用聚合物作用菌可以替代那些成本较高的化学解堵剂，将残留在底层和射孔区的、阻塞孔道的聚合物降解，就可在保持驱替流速不变的情况下，使注入压力大幅度下降。

2. 解封作用

残留在油藏的聚合物由于黏附性存在于岩石表面，在正常水驱的作用下无法随注入水一起流出，隔断了三次采油微生物或其他化学驱油剂与残余油的接触，影响采油效果。聚合物作用菌可降解黏附在孔壁表面的聚合物，消除其封闭作用，将被聚合物封闭的残余油释放出来。

3. 残余油剥离

在聚合物驱替过程中，原油因为聚合物的黏弹性而被“拉”出，而驱替液一旦形成稳定流体，这种作用就会大大减弱。微生物对残余油的剥离作用与微生物代谢活动有关，可通过降低油水界面张力、增大地层压力等方式将聚合物无法采出的残余油剥离，使采收率进一步提高。

在上述机理中，微生物对聚合物的降解性是关键，下面将探讨微生物对驱油用HPAM的降解能力。

第四节　驱油聚合物生物降解性的研究进展

一、聚合物的化学稳定性

油田常用的聚合物HPAM，是一种化学性质稳定的高分子聚合物，在正常条件下很难降解，能使其降解的因素主要有以下几种。

1. 强氧化还原反应

水中的溶解氧和过硫酸盐、过氧化物等强氧化剂会直接氧化聚合物碳链使其断裂，这是聚合物较为常见的氧化降解方式；如果溶液中同时存在强氧化、强还原性物质，所产生的氧化还原反应会进一步诱发一系列自由基反应，导致碳链断裂。

2. 光

自然光和紫外线的照射就能直接导致聚合物降解，这是因为C—C键的键能较低，容易受到电磁波的攻击而断裂。不过该反应速率较慢，但是如加入TiO_2即可明显加快反应进程。

3. 剪切力

多项研究表明，聚合物在多孔介质中流动时会发生剪切降解。聚合物相对分子质量越大、浓度越大、在多孔介质的流动时间越长、流动速度越快，就越容易发生降解。此外，金属离子含量（尤其是Ca^{2+}）的存在也会起到促进作用。

4. 高温

聚合物在300℃以上时会发生明显降解，降解后生成NH_3和CO_2，不过如加入过渡金属离子会使其更稳定。

如上所述，聚合物发生降解所需的条件比较苛刻，往往需要较强的能量。在油藏环境中，使聚合物发生降解的主要因素是剪切力，以及人工投放的强氧化性解堵剂。但对于残留聚合物问题比较严重的聚合物驱后油藏来说，滞留在多孔介质中的聚合物分子很难再继续流动与孔道发生剪切作用；解堵剂则难以深入油藏深处。如果微生物可以在油藏环境中有效地降解聚合物，就将成为清除油层多孔介质中聚合物的理想手段。

二、聚合物生物降解可行性初探

在聚合物驱后油藏实施MEOR的前提就是要确认驱油用聚合物是可生物降解的。以前人们只研究了生物聚合物（黄原胶等）的生物降解，而对于PAM则总认为是细菌的毒物而不会被其降解，因此对于PAM的生物降解，国内外的研究较少。L. Jeanine等研究了农业土壤中存在的固氮菌等微生物对PAM的降解作用，研究结果表明，PAM能作为细菌的唯一氮源，但不是唯一的碳营养源[38]。即使在相对分子质量小的情况下，其抗生物降解能力仍然很强，而且至今还没有发现能侵袭长度超过40个碳原子的PAM的运移系统或胞外酶。S. Junzo等研究了PAM经臭氧氧化降低相对分子质量后的生物降解性，结果表明经氧化的PAM仍然难于生物降解，并认为PAM对生物降解的抵抗性不仅因为其相对分子质量过高，而且因为分子结构中含有氨基[39]。E. Rachid等利用同位素标记的方法比较了经过紫外光氧化前后PAM的生物降解性，发现未经紫外光氧化处理的PAM的生物降解性只有0.6%～0.7%，经48h的紫外光处理以及6个星期的驯化后，PAM的生物降解性得到一定提高[40]。以上研究结果表明高相对分子质量PAM难于被微生物降解利用，但是这种可能性毕竟是存在的。

三、驱油聚合物的生物降解现象

虽然现在还很难从理论上阐明PAM的微生物降解机理，但很多事实证实了其存在的可能性。在聚合物驱油过程中，人们发现PAM从配制到注入地下这段过程黏度损失很大，除了机械降解、化学降解所引起的部分黏度损失外，生物降解也是一个重要因素。在地层中和联合站分离污水中已发现了能厌氧降解聚合物的微生物，它们或为地层原有，或由注入水携入。在地层条件适宜时，微生物厌氧降解是聚合物驱过程中的液体黏度在地层中损失的重要因素。C. Fang 等人也发现 PAM 溶液置于油田环境 28d 后，会有近 5%的 PAM 被生物降解[41]。

经研究证实很多种油田微生物能够分解、利用 PAM。李蔚等人研究了多种油田微生物对深部调剖剂——胶态分散凝胶（CDG）体系的作用。结果表明，腐生菌、硫酸盐还原菌、铁细菌、乙酸菌等多种微生物都会在厌氧条件下对 CDG 体系成胶过程中及成胶后的黏度产生影响，使体系黏度迅速下降[42]。Farquhar 等人研究了北海油田聚合物驱替采油中，所用 PAM 对试验所选硫酸盐还原菌、假单胞菌和芽孢杆菌等油田常见细菌生长的影响，发现 PAM 能引起上述微生物的大量繁殖[43]。而且在这些油田细菌中，硫酸盐还原菌对 PAM 黏度影响最大，在 PAM 体系中的生长能力也最强。

四、硫酸盐还原菌和腐生菌对聚合物的降解特性

有很多学者对硫酸盐还原菌降解 PAM 的特性进行了进一步研究。黄峰等从吉林油田现场筛选出的硫酸盐还原菌，经驯化培养后，可在任何浓度不大于 1000mg/L 的驱油 PAM 或 HPAM 中生长繁殖并使其发生降解、黏度降低。研究表明，硫酸盐还原菌能以驱油聚合物为唯一营养源进行生长[44]。大庆油田曾对聚合物驱采出液进行分析，发现其中硫酸盐还原菌菌量高达 10^5 个/mL，并证实细菌降解是聚合物黏度下降的重要原因。程林波等人对废水中 PAM 的生物降解特性进行了试验研究，并比较了它和光催化氧化等方法对 PAM 的处理效果，结果表明硫酸盐还原菌对 PAM 有着某种特殊的降解作用，水解工艺可以获得 35%～45%的去除效率。硫酸盐还原菌的作用效果会受到 PAM 负荷的影响，过高的负荷会抑制硫酸盐还原菌对 PAM 的降解作用[45]。

硫酸盐还原菌能单独破坏 PAM 溶液中 PAM 的结构，这表明硫酸盐还原菌对 PAM 有着某种特殊的降解作用。硫酸盐还原菌能以 PAM 作为碳源，以硫酸根作为最终电子受体进行生长、繁殖，对 PAM 进行分解代谢，从而起到降解 PAM 的作用。

除了硫酸盐还原菌以外，黄峰等还研究了从中原油田现场取样的腐生菌（TGB）在碱—聚合物驱体系中的生长情况，研究结果表明，连续活化 5 次的 TGB 在 1000mg/L 的 PAM 中恒温培养 7d 可使溶液黏度损失率达 11. 2%[46]。初步认为其机理是在 TGB 的作用下，PAM 的高分子链断裂发生生物降解所致，而且 TGB 能以聚合物为唯一营养源进行生长。

五、土壤假单胞菌对聚合物的降解特性和机理研究

孙晓君等人还通过利用取自聚合物废水厂的活性污泥处理聚合物驱油田产出废水，研究了土壤微生物的 PAM 降解性。发现活性污泥在经过一个月的驯化后，能在有氧条件下明显降低废水中聚合物的黏度和含量[47]。试验后污泥中的优势菌为假单胞杆菌。

国外有些科学家还对某些土壤微生物的 PAM 降解特性进行了研究。Grula 等人把 PAM 作为唯一碳源加入土壤微生物的加富培养基中，发现明显激发了几种土壤假单胞杆菌的生长，它们能以 PAM 为唯一碳源进行生长繁殖。使用以 ^{14}C 标记的 PAM 为唯一碳

源制成培养基培养假单胞杆菌 *P. aeruyinosa* 时，检测到培养基中的放射性碳总量中有 0.2%进入了细菌细胞膜。该菌在经驯化后能很明显地以 PAM 为营养源生长，但将其在蛋白胨培养基上传代几次后，菌株就会丧失对 PAM 响应的特性[48]。假单胞杆菌降解 PAM 的机理还不清楚，不过 Takeshi 和 Obradors 相继发现假单胞杆菌 *P. stutzeri* 能分泌一种聚合物降解酶，在细胞外水解聚乙二醇和聚羟基丁酸等 PAM 的类似物，并深入研究了其降解机制，这将为进一步研究 PAM 生物降解机理奠定基础[49,50]。

六、提高微生物降解聚合物性能的尝试

虽然微生物能够以聚合物为营养源生长并降解聚合物，但由于聚合物分子结构的原因使降解反应的效能很低。为了更有效地清除聚合物，就可以向聚合物—细菌体系中添加能促进细菌代谢水平的物质，以提高其性能。哈尔滨工业大学的研究发现，在以硫酸盐还原菌为降解菌株的聚合物水解槽中添加 Na_2SO_4 和 K_2SO_4 共 1.2g，可在 10d 内将聚合物去除率提高 35%～45%，而同期未添加硫酸根的好氧槽则无明显变化。佘跃惠等人从油田产出水中筛选到 7 株具有降解聚合物能力的细菌，将它们进行复合共同接种于含聚合物的培养基中，结果发现如果添加菌种更易于利用的酵母膏和液体石蜡，可将聚合物黏度降低 90%左右。这可能是由于微生物的群落效应，在存在合适底物的时候，群落中的一些微生物会以这些底物为营养而生长，但其代谢产物或其代谢产生的某些酶会间接地与聚合物发生相互作用，从而导致聚合物的水解或断链，这些产物也可以被其他的微生物所利用，从而导致了聚合物的降解。

七、聚合物生物降解机理推测

人们虽然对于硫酸盐还原菌和土壤假单胞菌等细菌的降解特性和影响因素进行了测定，但是国内外对于 PAM 的降解机理研究还非常少，目前普遍认为聚合物降解微生物会在营养匮乏时，迫于环境压力分泌某种降解酶分解聚合物，以其为碳源或氮源。但是其具体的生化机理实验研究还不多，降解酶的属性及其作用过程研究也未见报道。

近期的一些实验报道为聚合物生物降解研究提供了新思路。韩昌福等发现黄孢原毛平革菌（真菌）能明显降解 PAM，并且降解能力同其产生的锰过氧化物酶活性大致成正比[51]。由于氧化还原反应能促使 PAM 发生降解，所以锰过氧化物酶降低了氧化还原反应活化能，使反应更易于发生的特性是其降解 PAM 的原因之一。虽然细菌很少产生胞外过氧化物酶，但是也可由此推测细菌会通过产生其他促进氧化还原反应的物质导致聚合物的降解。例如，油田用 PAM 常常有过氧化物物质残留，因此对二苯酚等还原性有机物能诱发氧化还原反应，进而使 PAM 降解[52]，所以细菌也有可能是通过代谢作用产生了还原性有机物，促进了氧化还原反应导致 PAM 降解。

以上试验结果表明，高相对分子质量的 PAM 或 HPAM 在特定情况下是可以被自然界存在的微生物降解的。这样，就有可能利用微生物清除油藏中的残留 PAM 或 HPAM，进而提高采收率，同时，聚合物驱后油藏中分布广泛而含量巨大的残余油也为 MEOR 的实施提供了空间。由此判断聚合物驱后油藏实施 MEOR 是可行的。

第五节 MEOR研究的新进展

目前微生物降解聚合物的研究多数都是在地面的有氧环境中进行的，并且只是发现了降解聚合物生物现象，它是否可用于采油还有待进一步研究。将聚合物降解菌用于驱油的研究工作目前还非常少，还有很多技术难题需要克服。如选用适当、先进的微生物采油技术，就可以提高聚合物驱后油藏MEOR的可能性。目前在常规MEOR中应用的较为先进的技术主要有：分子生物学技术、生物示踪剂技术、可视化技术、基因工程技术，以及数学模型设计等。

一、引入分子生物技术

在微生物驱油技术研究中，为了准确分析和客观评价MEOR现场试验效果，要求对注入的目的菌的浓度、纯度、产出液中目的菌株浓度、其他菌的种类、浓度有精确的了解。传统的研究方法不能满足MEOR跟踪检测要求，而应用分子生物学中的聚合酶链式反应（PCR）基因检测技术可以了解目的菌的生长繁殖状态，在多孔介质中的扩散、运移状况，地层流体及地层本源菌对目的菌的影响等，区分目的菌和本源菌，监控注入微生物的功能[53]。

PCR原理可简述为3个典型过程[54]：一是高温下模板DNA双链分开变性；二是降温使引物与模板互补产生退火；三是在70℃左右的酶催化延伸过程。3个过程反复进行多次，每经一次循环扩增，DNA片段增加一倍。DNA中有一段特异序列部分16S rRNA，不同菌种具有不同的16S rRNA结构，只要分析其特异序列结构即可区分是哪一菌种[55]。微生物驱油用的菌种PCR鉴别分类技术，首先以平板培养为手段，按照菌落特征将试样中生存的微生物群分别记数。然后对MEOR菌体细胞中的16S rRNA基因进行扩增，并进行酶切多样性分析，通过制备DNA模板，对DNA特异序列片段进行PCR聚合酶链式反应；再加入不同的限制性内切酶处理，断裂的16S rRNA基因片段经琼脂凝胶电泳检出，显示具有特异性的RFLP酶切类型[56]。最后结合平板记数，进行菌种判断，得出MEOR菌种检测结果。

在分子生物技术领域，DNA芯片技术[57]是一种高通量的核酸分析方法，已经成为研究海量序列信息的重要分析工具之一。它的原理是：将目的DNA分子作为探针，按照一定的排列方式，同时固定到特定的介质上，研究人员称之为微点阵（Microarray ）。这种技术使得众多基因的同时检测成为可能。从而可研究微生物基因表达谱、基因组等。

目前，在石油工业的微生物驱油技术领域，科研人员已经将PCR与DNA芯片技术相结合，对微生物驱油菌种的油藏适应性、地下运移能力、增殖和增采能力进行准确可靠的认证，对油田地层中存在的微生物群落进行详细调查，并以此对具有微生物驱油作用的细菌加以利用，对有害菌进行有效的防治。进而深入研究微生物的驱油增产机理，为油田生产部门调整各项技术工艺、优化方案设计和把握试验进程提供可靠依据。

二、在基因水平上改造菌种

微生物提高原油采收率的真正成功或突破的关键在于“超级菌”的组建[58]，因此构建目的基因，培养较强竞争力的基因工程菌（Gene Engineering Microbe，简称 GEM），是现代微生物驱油技术的主要目标之一。利用基因工程，有针对性地培养有利菌株，拓宽微生物驱油的菌种资源。

基因工程[59]是分子水平的杂交技术。一般程序为：选择具有专一性的工具酶；选择具有安全性和能稳定遗传，且具选择性标记和限制酶切点、相对分子质量小、利用外源基因表达的载体；制备和克隆目的基因；DNA 体外重组，外源 DNA 在寄主中表达。通过基因工程，可以得到改善特性的微生物，这些改善包括一种菌种利用底物的范围加宽、新产品的合成以及由于代谢途径阻断而积累的特殊中间代谢产物，或通过增强特种酶类的合成提高产率。这些微生物在地层内大量繁殖，从而扩大其有利作用，增强处理效果。在微生物提高原油采收率方面，基因工程为微生物驱油菌株资源提供了可持续发展的良好前景。为了提取野油菜黄单胞菌生物合成黄原胶的基因（xps），Harding 等人[60]构建了野油菜黄单胞菌 DNA 的基因文库。查明其 DNA 的一个 13.5kb 区域至少含有 5 个互补基因簇，其中 12.4kb 插入片段上有 4 个基因与黄原胶合成有关，克隆有这些基因的突变体可使黄原胶产率增加 10%，黄原胶侧链的丙酮酸化程度大约增加 45%。Pollock 等[61]克隆了 12 个野油菜黄单胞菌编码的、与黄原胶组装、丙酮酸化、聚合及分泌相关的基因，转入鞘单胞菌（*Sphingomonas*）中，使该重组菌可以合成黄原胶。它们不仅可以利用葡萄糖质培养基，还能利用含有乳糖的培养基且无需大量供氧，这使乳酪加工厂排放的富含乳糖的廉价废乳清可用作生产黄原胶的原料。

除了基因工程外，还可以通过原生质融合等技术改变微生物的遗传特性，并提高其适应环境和改良原油性质的能力[62]。该技术的主要过程为[63,64]：先选取两个微生物亲本，去掉细胞壁制成原生质体，以化学或物理的方法促使细胞融合得到融合细胞，即融合子，最后利用融合子同亲本细胞的差异将其检出[65,66]。融合子同时具有两个亲本的性状，人们可以根据需要，从诸多融合子中筛选出那些符合自己需要的细胞作为菌种。目前，国内外的学者已通过原生质体融合技术构建出很多已得到应用的、高效的菌种。南开大学黄英等[67]应用原生质体融合技术对地衣芽孢杆菌 X3 和芽孢杆菌 N2 进行融合，获得了能以烃为碳源、适应高温且产高表面活性物质的融合株 N21，融合株对原油的降解率、对黏度和凝固点的降低都明显优于亲本。石油大学宋绍富等[68]将一株可在 72℃、30%NaCl 条件下生长的芽孢杆菌 I，和另一株可在 30℃代谢水不溶性多糖聚合物的肠内杆菌 JD 进行原生质体融合，得到了融合子 FH917，其代谢多糖的温度由 30℃提高到 45℃，盐度由 3% NaCl 提高到 10%NaCl。

基因重组技术的应用范围是很广泛的，目前任何涉及微生物的领域几乎都有应用该技术对微生物进行改造的报道。所以，对聚合物驱后油藏采油微生物进行基因改造的研究虽然没有先例，但它在理论上、技术上是可行的。

三、引入示踪剂技术

示踪剂技术用于注水油田的开发已有多年的历史，最初只是用来定性了解地下流体运动状况。20 世纪 70 年代末，D. Yuen 和 M. Abbaszadeh[69]先后提出了用示踪剂资料解释油藏的非均质性，以指导油田的合理开发。目前主要用于研究水淹油层的剩余油饱和度，在微生物驱油技术上也开始应用。

1994年，L. R. Brown等[70]为了了解微生物从注入井运移到生产井所需的时间，进行了示踪剂研究。他们用氚水作示踪剂，验证了微生物对整个油藏或区块的作用，并使该油田产量递减延缓，延长了经济开采极限。2003年，在阿根廷的La Ventana油田，在用微生物技术优化注水的现场测试项目中，应用氖进行的互补示踪剂可以证明最初用流线模拟得出的井间连通性及分配因子。而微生物驱油方法采油前后生产井的分相流动特性也与使用特有的二维和流线模拟器得出的理论预测相关。这说明示踪剂和模拟对更好地了解微生物驱油机理有很大帮助。

四、引入可视化技术

可视化技术是研究提高采收率机理的一种重要方法。国外用于研究微生物提高采收率机理的可视化方法有透明玻璃微观模型、计算机层析成像、核磁共振成像等[71]。例如：用玻璃珠透明模型研究固体颗粒表面生物膜的形成及菌体对孔隙的堵塞方式，用核磁共振研究微生物对岩心的调剖效果等。可视化技术的特点在于：一是具有可视性，可直接观察微生物驱油及各种提高采收率驱替剂驱油的过程，验证驱油机理；二是具有仿真性，可以模拟油藏天然岩心的孔隙结构特征，实现几何形态和驱替过程的仿真。

1996年，胜利油田微生物采油研究中心与中国石油大学合作，进行了微生物驱油微观模拟实验[72]，除观察到微生物大量产气外，还观察到微生物作用后的残余油乳化现象、润湿反转和油膜在油气界面的滑移等。大庆油田进行微生物驱油微观模拟实验[73]，观察到剩余油油滴在岩心模型中的运动，真实地反映微生物驱油的动态情况。水驱后的残余油以各种形状存在于多孔介质中，细菌注入到模型后，在恒温过程中，细菌吸附在油水接触的界面上并就地产生代谢产物，剥落油膜，对残余油进行了分解、乳化。进行二次水驱时，水驱的波及范围扩大，残余油以油滴的形式从大孔隙中拉出来，在随着注入水流动的过程中，遇到不动的残余油时，油滴并聚，形成油驱动油的现象。大港油田冯庆贤等[74]利用微观仿真透明模型进行了微生物驱油机理研究。同时利用摄像机摄取驱替过程中流动状态画面。观察到原油发生不同程度的乳化现象，形成油珠大小不等的乳状液，以及油珠在孔隙中被拉伸、变形、渗流等现象。

五、数学模型的新突破

在20世纪80年代末，就已经建立了微生物驱油的数学模型并开展了相应的数值模拟研究，较为典型的有Islam[75]，Zhang[76]和Chang等[77]模型。Zhang模型比Islam模型的进步在于可描述微生物在地层中的活动，其局限性在于一维模型难以模拟现场，而三维三相五组分Chang模型较具有代表性，能描述微生物和营养物在地层中的生物行为，却不能描述油藏的增产机理。

在借鉴国内外模型的基础上，国内的石油工程师对微生物驱油的数学模型进行了改进和提高，雷光伦等[78]根据微生物的生长动力学原理，建立了微生物的生长、基质消耗和代谢产物生成方程。在考虑菌种、基质、产物扩散和吸附的基础上，用物质平衡方法建立了菌体、基质和产物的运移方程。以多孔介质的毛细管模型为基础，建立了由于微生物吸附引起的孔隙度和渗透率变化方程。考虑到微生物作用对流体性质的影响，建立了油、水黏度和油、气、水毛细管力方程。根据原油模型建立了三维三相、多组分基质与产物的微生物驱油数学模型。计算结果表明，所建模型能较好地计算出微生物生长曲线、代谢曲线、基质消耗曲线和微生物运移浓度曲线，与实验值有较好的一致性。最近，谷建伟等[79]又推出了一套改进的三维两相多组分微生物驱油数学模型，包括油、水两相的连续性方程以及描述微生物、营养物、各种产物的对流扩散、吸附、生长、死亡、消耗等行为方程。利用这个模型可确定实际现场动态，优化现场施工参数，预测增产效果。

第六节　聚合物驱后 MEOR 的应用研究情况

虽然在理论上已经证明了在聚合物驱后油藏实施 MEOR 的可能性，而且近年来国内外 MEOR 的研究水平也有较大提高，国外在 20 世纪 80 年代就已经研究开发出了黄原胶驱后进一步提高采收率所用的菌种，不过目前还没有关于 HPAM 驱后油藏应用微生物采油的试验报道，国内也很少见。

一、采油微生物降解驱油用聚合物的室内实验

李蔚等人从油田采出水中分离到一株菌，被鉴定为假单胞菌属 PD－1 菌株。该菌能够在含原油、PAM 的水环境中生长，并对原油和 PAM 具有降解作用[80]。化学分析表明，在细菌的降解下，原油物性发生改变，部分分解为丙酸、烯酸、十六烷酸；PAM 结构受到破坏，黏度下降，相对分子质量降低。廖广志、石梅等从油藏环境筛选出了 5 株以聚合物和原油为营养源的菌种[81]。实验证实该菌种作用后聚合物相对分子质量和黏度下降，分子结构发生变化，并且能改善原油物性。物理模拟驱油实验结果表明，聚合物驱后单独微生物驱可提高采收率 5%。

此两项研究所用菌种均为从油藏中筛选到的、能同时降解聚合物和原油的微生物，即能清除油藏聚合物，又能改善原油物性。不过目前来看，自然界中存在的微生物在油藏环境中降解聚合物的效率普遍不高，所以它们在现场应用的效果尚需进一步验证。

山东大学对从胜利油田筛选到的驱油菌种用于聚合物驱后油田的驱油能力进行了室内实验，取得了较好效果，而且也筛选到两株聚合物降解菌。但其用于聚合物驱后驱油试验的菌种为表面活性剂产生菌，得到的聚合物降解菌也没有做具体的性能测定。

二、聚合物驱后油田应用微生物驱油技术的现场实验

大港油田于 1995 年底对以港西四区的油藏条件筛选出的微生物菌种进行了现场试验[82]。试验结束后的 6 个月内，受益油井累积增油 925t，含水率平均下降了 1.5 个百分点，收到降水增油的效果。其采收率提高的机理主要是通过微生物对原油的作用，使原油乳化，降低了油水间的界面张力及原油黏度，提高了驱油效率所致。不过所用菌种没有降解聚合物的能力，这限制了微生物驱油作用的发挥。

总的来看，将聚合物降解菌用于聚合物驱后油藏的 MEOR 现场实验还没有报道，室内实验也很少，而且没有涉及其机理研究和现场模拟实验。不过目前的研究结果为其进一步的应用打下了基础，如果能解决一些理论难题，摸索出更多的实践经验，前景还是光明的。

第七节　聚合物驱后 MEOR 的前景展望

目前，在自然界找到的能在油藏环境中降解聚合物并以其为营养源的微生物种类还不多，适用于现场应用的就更少，所以选择、构建出高效菌种是发展聚合物驱后 MEOR 技术亟待完成的任务。搞清楚聚合物生物降解的机理是解决这一问题的基础，但目前研究还相当不完善，使 PAM 碳链断裂的胞外酶的种类和性质、其碳链被导入细胞的机制、酶解以外的其他降解机制、多菌种协调作用机理等都需进一步研究探讨，这些是聚合物驱后油藏微生物驱油技术未来的主要研究方向。现代基因重组技术、分子生物学技术等生物技术的发展会使上述难题的解决变得容易，并为最终开发出适合聚合物驱后油田采油菌种，进而实现规范的现场应用做好准备。

除了菌种问题，聚合物驱后油藏微生物采油技术还需研究以下内容：微生物与油藏中 PAM 及原油相互作用、降解 PAM 和原油的各类微生物彼此间的关系、影响微生物利用 PAM 和产生代谢产物的因素、各种微生物对提高原油采收率的贡献，以及设计、开发出合适的、真实反映微生物实际作用效果的模型等。这些问题中的某些方面也是目前国内大部分 MEOR 技术面临的问题，随着 MEOR 技术的进步，它们多数都即将得到解决，这将大大推动聚合物驱后 MEOR 技术的发展。上述问题如能得到解决，则聚合物驱后油藏提高采收率就多了一种选择方案，对我国新、老油田的“挖潜增效”和“稳产战略”意义重大，对我国石油工业的可持续发展有十分积极的意义。

根据对前人工作调研分析，本书试图开辟一条研究聚合物驱后油藏微生物驱油关键技术和理论的新途径，以解决现场实际问题为目标，以实验研究为主要途径，力争开发出一种适合于聚合物驱后油藏的菌种，为最终实现聚合物驱后微生物驱油技术产业化奠定基础。

本书中开展的主要研究工作为：

（1）从聚合物驱后油田产出水中筛选出 1 株或几株能明显降解驱油用聚合物的细菌，以及 1 株能够降解原油产生生物表面活性剂的常规驱油菌，对其进行种属鉴定。检测各种环境因素、营养因素对细菌生物活性的影响，测定在最佳条件下聚合物降解菌种对聚合物黏度、相对分子质量和水解度的影响，以及表面活性剂代谢菌对原油黏度、溶液表面张力等油、水指标的改变。

（2）通过仪器分析聚合物侧链基团的变化同其相对分子质量变化的关系，推测微生物降解聚合物的化学机理。分析各株聚合物降解菌所产生的胞外蛋白等代谢产物的成分，及其对聚合物水解度和相对分子质量的影响，通过对彼此差异的比较，揭示微生物降解聚合物的生物化学过程和作用机制。

（3）选取降解 HPAM 能力较强的细菌，以它和表面活性剂代谢菌为亲本，通过基因重组技术，构建出 1 株同时具有降解聚合物和产生表面活性剂的基因工程菌。确定试验条件、环境因素对重组菌株的性状、稳定性的影响，并比较其同亲本菌株的性能差异。

（4）根据该菌株和其他微生物之间存在的拮抗、共生等关系对驱油菌种的组成进行进一步优化。通过物理模型方法研究菌种在多孔介质中生长、繁殖对提高采收率的作用。比较重组菌、复合菌同其他菌株和驱油剂的驱油性能，并初步确定菌种的最佳驱替方案，为现场应用提供指导。

第二章　聚合物降解菌种筛选和性能测定

第一节　菌种来源的选择和基本评价方式

就MEOR微生物的来源而言，一方面主要是从自然界广泛存在的自然生长的细菌中分离筛选、复壮培养来获得高效菌，满足采油的要求；另一方面，可以通过生物工程、遗传工程和基因工程的手段，针对油藏条件来构建驱油用工程菌。从自然界中分离和培养驱油用的高效菌，目前还有大量的工作需要做，驱油用微生物工程菌目前在国内外都还没有得到应用。显然，构建工程菌对微生物驱油技术的意义更为重大，应用前景更好[83]。但是，构建基因工程菌的操作复杂，影响因素多，所以包括西方发达国家在内很多国家目前仍主要从自然界选取驱油用微生物。

目前国内所应用的MEOR菌种来源主要是地层水。在钻井、完井、井下作业和采油过程中，带入到地层中的细菌有少数生存下来，这些细菌已适应了地下环境，其中可能存在有利于MEOR的细菌，对地层水进行细菌分离、筛选、检测、培养，再注入到地层，这些细菌返回到它们原来生存的环境中很快就能生长繁殖，并起到理想的作用。对于聚合物降解菌来说，除了油田产出水外，另一个主要来源就是聚合物废水及被其污染的土壤。但由于本菌种主要应用于油藏，来自油层的聚合物降解菌更能适应油藏的环境，所以作者的研究工作确定从油井产出液中分离、筛选菌种。

筛选菌种的主要依据就是检测降解聚合物的性能。目前所进行的聚合物生物降解研究多数是通过使用淀粉—碘化镉法测定聚合物含量，或直接测定聚合物溶液黏度等性质的变化来表征微生物降解性能。但是淀粉—碘化镉法所测定的实际上是聚合物侧链上氨基氮的含量，当聚合物水解度发生明显变化时，也意味着单位聚合物分子侧链上的氨基氮数量明显变化，所以所测得实验结果就不能反映聚合物含量；聚合物的黏度、水解度等性质也很容易受聚合物溶液中的盐含量和pH值等因素影响，导致在聚合物分子主链结构没有发生变化的情况下，表观黏度和水解度出现显著变化[84]。所以对聚合物指标进行测量前应对其进行提纯，目的是避免培养液中离子和有机物的影响，然后再以降黏率和相对分子质量变化来反映菌种降解性能。

第二节　基本实验方法

一、实验仪器与实验材料

1. 主要实验仪器

水浴摇床、分光光度计、恒温培养箱、真空泵、聚合物黏度计、PCR仪、十八角度激光光散射仪。

2. 主要实验材料及培养基

聚丙烯酰胺：相对分子质量 18 $\times 10^6$，水解度 24.4%～25.7%，固形物含量 89%～90.2%，大庆油田助剂厂生产。

基础无机盐溶液：NaCl，1.0g/L；$(NH_4)_2SO_4$，0.1g/L；$MgSO_4$，0.25g/L；$NaNO_3$，0.2g/L；NaH_2PO_4，0.5g/L；K_2HPO_4，1.0g/L；pH 值 7.2～7.4。

液体聚合物培养基：聚丙烯酰胺，1g/L；NaCl，0.5g/L；$(NH_4)_2SO_4$，0.1g/L；$MgSO_4$，0.25g/L；$NaNO_3$，0.2g/L；NaH_2PO_4，0.5g/L；K_2HPO_4，1.0g/L；pH 值 7.2～7.4。

全营养培养基：酵母粉，3g/L；蛋白胨，10g/L；牛肉膏，5g/L；葡萄糖，2g/L；$MgCl_2$，2g/L。

半固体完全培养基：葡萄糖，0.5%；牛肉膏，0.3%；酵母粉，0.3%；蛋白胨，1.0%；七水硫酸镁，0.2%；pH 值 7.2～7.4。加入 0.8%的琼脂，加热溶化后，每管取 15mL 分装于试管中，于 0.1MPa 压力下灭菌 20min。

二、菌种筛选

1. 油藏环境物化参数分析

为了掌握油藏中微生物生活环境，对油藏产出液进行了全面分析，首先分析水中各离子种类及含量。对所筛选菌株的生产井北 4－8－丙 47 井进行取样分析，分析其主要离子构成，这将为后来微生物的筛选培养提供参考（表 2－1）。

表 2－1　北 4－8－丙 47 生产井产出水化学分析

检验项目	检验效果（mg/L）		检验项目	检验结果（mg/L）
OH^-	0.00	0.00	Br^-	—
CO_3^{2-}	5.91×10	9.85×10	I^-	—
Cl^-	8.15×10^2	2.54×10^2	硼	—
SO_4^{2-}	1.21×10	9.75	脂肪酸	—
Ca^{2+}	2.20×10	5.50	挥发酚	—
Mg^{2+}	1.22×10	5.00	芳烃指数	(A225/A256)
K^+/Na^+	1.39×10^4	6.03×10^3	—	—
$NaHCO_3$	2.67×10^4	1.03×10^4	—	—
总矿化度	4.67×10^4	—	pH 值	7.8

分析结果表明，地层水的 pH 值、矿化度等参数均在细菌生长范围内，一般不会对细菌生长产生抑制作用，说明该地层水中会存在目的菌株。

2. 菌种分离

(1) 将适量油田产出液或污水接种于液体聚合物培养基中，置于 45℃，80～100 r/min的摇床培养 7～14d。每个驯化周期结束后，将培养物以无菌操作移接到同样的培养基中，开始下一个周期的培养，并逐倍增加培养液中聚合物浓度（100～1000mg/L），至少五个周期，如有细菌生长加快现象，则进行下一步。

(2) 取（1）培养液 0.5mL 稀释到一定程度，在葡萄糖培养基上涂布后，放入真空干燥器内，真空脂密封后抽真空 30min，然后充入高纯氮气，再抽真空 10min，重复 4 次后，使干燥器保持 0.02mPa 的真空度，相同温度恒温厌氧培养 3d。

(3) 将划出的不同菌落在以聚合物为营养源的固体培养基上划线，抽真空充氮气，厌氧培养 7d，所得菌落即为纯化菌种。

(4) 挑取纯化的菌落在好氧、厌氧培养基上分别接种，摇床培养，观察其对聚合物降解的情况，将能够降解聚合物的菌种接种在葡萄糖斜面上培养后，置于冰箱中保存。

(5) 取斜面菌种接种于 100mL 活化富集培养基中，振荡培养 24h，培养液以 4000 r/min离心分离 10min，收集菌体，用 pH 值为 7.0 的 Na_2HPO_4/NaH_2PO_4 缓冲液洗涤 3 次，再用该缓冲液将菌体配成 pH 值为 7.0 的菌悬液备用。

(6) 分别吸取 0.5mL15％的菌悬液于含 200mg/L 聚合物的 20mL 基础培养基中，30℃、150r/min 振荡培养，每个处理设 4 次重复，并用不加菌体的培养液进行对照试验。定时取样测定聚合物黏度，从而筛选出降解能力强的优势菌株。

3. 厌氧培养方法

吸取一定体积的所需培养基和相同体积的蒸馏水，加到 500mL 的圆底烧瓶中，并在其中添加相当于培养基体积 0.1％的刃天青溶液（1g/L）。加热煮沸 20～25min，以驱除水中的溶解氧。然后在继续加热的同时，用分血针向烧瓶中通入高纯氮气流，使氮气充满烧瓶，防止空气的进入。当溶液体积减少到培养基体积时，调节 pH 值达要求。通氮气 5min 后，加入 0.05％的 L—半胱氨酸，此后培养基逐渐褪变为无色，再用 NaOH 或 HCl 溶液调节 pH 达要求值，即可将培养基分装于厌氧培养瓶中。

三、菌种鉴定

1. 形态特征

把筛选出的菌株在斜面上培养 24h，进行革兰氏染色后，对其个体形态特征进行显微观察。同时把菌株接种平板上培养 48h，进行菌落形态观察。

2. 生理生化试验

为了掌握 ZW－3 菌株的生理特性，进行了包括淀粉水解试验、糖降解试验、产酸产气试验、V—P（葡萄糖代谢途径）试验、硫化氢生成试验、吲哚试验、M—P（甲基红）试验、柠檬酸盐试验 8 项生理生化试验。通过生理生化试验，掌握了该菌产生淀粉酶的情况、不同糖降解能力、产酸产气能力、产生硫化氢及运动能力等。

3. 16S rDNA 序列分析

测定编码核糖体小亚基（16S rDNA）的基因序列，是一种鉴定细菌的可靠方法。准确的细菌鉴定，不仅是进行遗传学分析的前提，还是应用微生物于生物工程的一些严谨的规定所需要的一条必要的预试信息。为了进一步确认该菌株在进化上的遗传地位，确定其与其他已知菌株的亲缘关系，本实验拟通过 16S rRNA 序列分析方法对 ZW－3 菌株的 16S rRNA 全 DNA 进行分析，从遗传进化的角度去认识该菌株，从分子水平进行分类与鉴定，为今后的工作提供必要的技术支持。

细菌基因组 DNA 的微量提取法：见分子克隆实验指南。本方法通过 SDS 裂解细胞，蛋白酶降解蛋白，CTAB 去除多糖成分（图 2－1）。

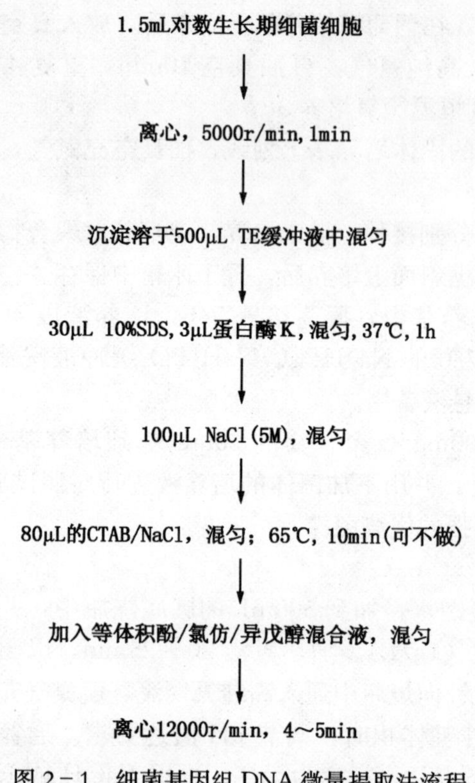

图 2－1　细菌基因组 DNA 微量提取法流程

取上清液，沉淀、干燥、除 RNA、复溶等步骤一致。

注意：此步操作后，离心管中 NaCl 的浓度不应低于 0.5M，否则 DNA 将与 CTAB 共沉淀。

提取细菌总 DNA，以通用引物对 16S rDNA进行 PCR 扩增，测序。以细菌基因组 DNA 为模板 PCR 扩增 16S rDNA，扩增引物采用细菌通用引物 B14926（5'－CCGGATCCAGAG-TTTGAT CCTGGTCAGAACGAACGCT－3'）和 B14927（5'－CGG GATCCTAC GCCTACC TTGTTACGACTTCACCC－3'）(上海生工生物技术有限公司合成)。PCR 反应体系选用 20μL 反应体系：PCR 缓冲液（含 $MgCl_2$ 20mmol/L）2μL，Taq DNA 聚合酶 0.2μL，10μmol/L 引物各 1μL，DNA 模板 1μL，去离子水 13.8μL。PCR 扩增条件：94℃ 10min；94℃ 45s，55℃ 60s，72℃ 70s。共 30 个循环；72℃ 10min。扩增的 PCR 产物连接到载体 PMD18－T（TAKA-RA）上，转化 E. coli DH5α。提取有 16S rD-NA 插入的质粒并测序，序列测定由北京三博远志公司完成。通过同源性比对鉴定菌种种属[85]。

4. 菌种需氧特性的检验

将半固体培养基灭菌后，立即在 50℃水浴中保温，防止凝固。然后取试管加 2/3 培养基，接种 2%活化后的菌液于 50℃尚未凝固的半固体完全培养基中，轻轻摇动使细菌上下分布均匀。待冷却凝固后，适温培养 24～48h。最后，观察细菌在培养基深层、表面的生长情况，判断细菌对氧气的需要情况。

四、菌种降解聚合物性能指标的检测

1. 细菌降解聚合物实验过程

将菌种接种全营养培养基 45℃培养 48h 后，经 4000r/min 离心 30min，弃上清，用 pH 值为 7.2 磷酸缓冲液稀释沉淀菌体制成菌液。以菌液接种灭菌后的液体聚合物培养基，使体系菌株浓度达到 0.5×10^8个/mL，45℃培养 7d。实验结束后进行如下处理。

2. 菌种细胞浓度的测定

将结束培养后的菌种培养液稀释成一定比例，抽取 0.1mL 菌液涂布普通营养平板（全营养培养基中加入 2%琼脂），培养 24h 后进行菌落计数，根据稀释倍数计算培养液中的菌株浓度。

菌株浓度可先使用血球板计数法测定：①将原菌液适当稀释后用亚甲基蓝染色。②取 0.5mL 染色后菌液加入干净的血球计数板玻片中央，盖上盖玻片，注意不要产生气泡。

余液用吸水纸吸去。③静置5min后，随机取5个中格，开始计数。处于格线上的细菌的计数原则是4条边框两边计数，两边不计。深蓝色为死细胞，非着色的为一般活细胞。④记录结果，计算每中格平均数后代入公式求菌株浓度。

该法由于比较耗费精力，所以也可以使用分光光度法：将已由血球板法测定浓度的菌体稀释一定倍数后，用分光光度计测量其在660nm处的光吸收值。以菌株浓度为纵坐标、光吸收值为横坐标做出标准曲线，根据标准曲线和所测得的光吸收值即可得到菌株浓度，这种方法较为方便快速。

3. 聚合物的提纯和含量测定

取一定量反应后聚合物培养液放入分液漏斗中，水洗2～3次上层黏稠物。将所得黏稠物用三氯甲烷抽提至抽提液无色，剩余聚合物真空干燥至恒重，即得粗品。将粗品放入适量去离子水中浸泡24h，倾滤，除去不溶物。无水乙醇沉淀，除去无机盐溶液，即得纯品胶状体。真空干燥至恒重，用分析天平称重。最后以蒸馏水稀释至实验前浓度。

4. 聚合物黏度和降黏率的计算

聚合物溶液黏度以旋转黏度计测定。温度为45℃，转速为6r/min。降黏率计算公式为：

降黏率=(无菌对照黏度－实验样品黏度)÷无菌对照黏度

5. 聚合物相对分子质量的测定

以十八角度激光光散射仪测定，结果为重均相对分子质量。

第三节　菌种组合方案的确定

一、菌种组合的效果

从油田采出水筛选到6株降解活性较强的细菌，其降解性能见图2－2，其降黏率为37%～53%。

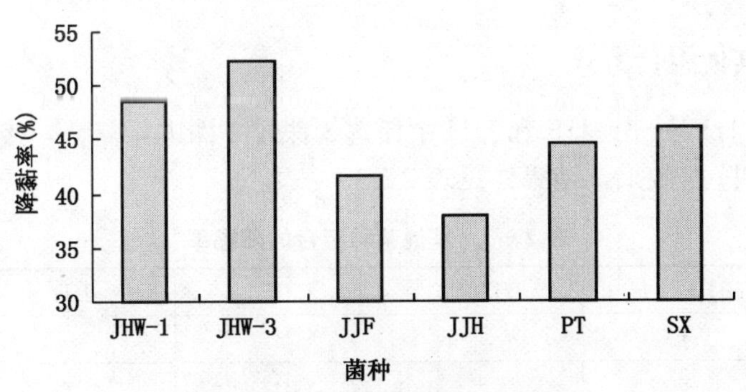

图2－2　6株降解菌的降黏率

将它们分别接入完全培养基，45℃培养48h，离心除去营养液，用磷酸缓冲液制成菌悬液。按表2－2进行组合，复配成复合菌，各组成菌株浓度相同。将各组复合菌分别接种聚合物培养基，检测各种复合菌组合方案的降黏率，从中找到效果最好的组合。

表 2-2 复合菌的组合方案

组合号	JHW-1	JHW-3	JJF	JJH	PT	SX
1	+	+	+	+	−	−
2	−	+	+	+	+	−
3	−	−	+	+	+	+
4	+	−	−	+	+	+
5	+	+	−	−	+	+
6	+	+	+	−	−	+
7	+	+	+	+	+	+

注："+"为投加菌株；"−"为未投加菌株。

由图 2-3 可知，1 号组合性能最佳，其降黏率达到 61.4%，这不但超过了其他组合，也超过了 6 株降解菌中的任意一株。而且 1 号组合不是由降解能力最强的 4 株菌组成的，因为该组合中的 JJF 和 JJH 的降黏能力弱于 PT 和 SX 菌。这说明该组合较强的降解活性不是由各菌的简单叠加造成的，也说明这 4 株细菌对于降解聚合物有较好的协同效应，能够充分发挥各菌株的优势。

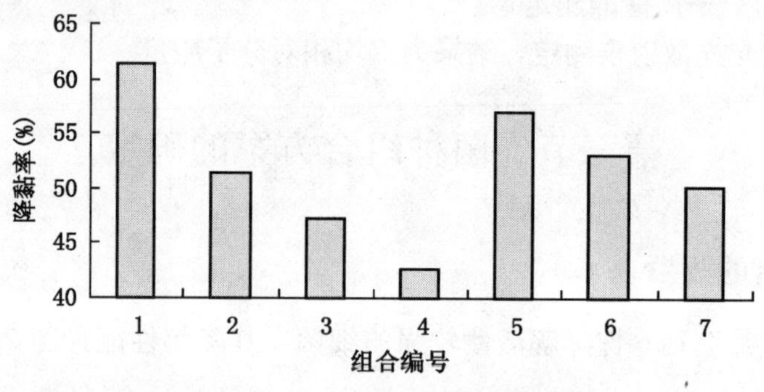

图 2-3 各复合菌的降黏特性

二、降解菌其他组合方式

从 JHW-1、JHW-3、JJF 和 JJH 中任选 3 株或 2 株进行复合，接种聚合物培养基，比较各菌种组合的降黏效果，结果详见表 2-3。

表 2-3 其他菌种组合的降黏率

组合号	JHW-1	JHW-3	JJF	JJH	降黏率（%）
1	+	+	+	+	61.4
2	−	+	+	+	58.8
3	+	−	+	+	57.1
4	+	+	−	+	55.7
5	+	+	+	−	57.5
6	+	+	−	−	53.4
7	−	+	+	−	51.7

续表

组合号	JHW－1	JHW－3	JJF	JJH	降黏率（%）
8	－	－	＋	＋	47.6
9	－	＋	－	＋	52.8
10	＋	－	＋	－	51.7
11	＋	－	－	＋	50.4

注："＋"为投加菌株，"－"为未投加菌株。

其他由3株或2株降解菌组成的10种复合菌的降黏率均不如4株菌组成的复合菌，表明由JHW－1、JHW－3、JJF和JJH组成的复合菌具有最佳降黏效果。而且，在这10种菌种组合中降黏率最高的是缺少JHW－1或JHW－3的2、3号组合，而JJF和JJH虽然单独作用于聚合物时降黏率很低，但它们同JHW－1或JHW－3复配时能明显提高整体降黏能力，这说明复合菌的组成菌株彼此间可通过协同作用提高其生物活性。

三、复合菌中各组成菌株的竞争关系

将4株菌在全营养培养基中培养12h左右，控制培养时间使各菌株浓度相同。然后将其等体积混合，继续培养36h。根据各菌株菌落形态的不同，以平板稀释法检测各菌株浓度变化，结果见图2－4。

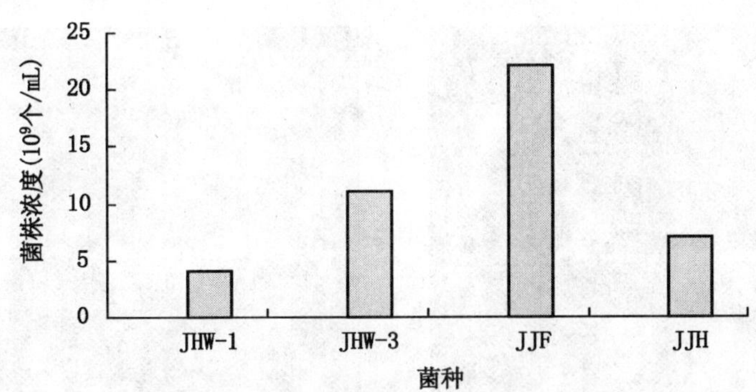

图2－4　各菌混合培养时的浓度变化

根据图2－4所示结果，各菌株在混合培养体系中的浓度均有明显增长，而且彼此差距不显著。表明菌群内部不存在拮抗作用，这是复合菌发挥协同作用的前提。

第四节　菌种基本性能的测定

一、菌种的筛选及鉴定

复合菌的4株组成菌的基本外形特征见表2－4。

对4株菌进行基本的生化实验鉴定后，发现JHW－1和JJH属于芽孢杆菌属（*Bacillus spp*）；JHW－3属于梭状芽孢杆菌属（*Clostridium spp*）；JJF属于假单胞杆菌属（*Pseudomonas spp*）。对JHW－1和JHW－3的DNA通过PCR扩增后，得到了16S rDNA全长序列，同GeneBank中数据进行比较，进一步分析其分类情况。结果发现JHW-1和JHW-3同栗褐芽孢杆菌（*Bacillus badius*）及约休梭状芽孢杆菌（*Clostridium iosue*）的同源率分别为98.9%、98.4%。

表2-4 4株菌的外部特征

单菌编号	JHW-1	JHW-3	JJF	JJH
菌落特征	浅栗褐色、不透明、湿润	土白色、大、不规则、干燥	乳白、透明、圆、黏	乳白、圆、形状规则、干燥
菌体大小	0.7μm×(2~3)μm	0.3μm×(3~5)μm	1.0μm×(1.5~3.0)μm	(1.0~1.7)μm×2~5μm
菌体形态	直杆状、有圆端	杆状、成链	球杆状	杆状、不成链
革兰氏染色	G^+	G^+	G^-	G^+
运动性	有	无	有	无
芽孢情况	中央	端生	无	端生
需氧情况	兼性厌氧	微好氧	兼性厌氧	兼性厌氧

较为特殊的是JHW-3，通常约休梭状芽孢杆菌是严格厌氧菌，但是JHW-3在有氧情况下也能生长，只是生长速度更慢而且不形成芽孢，所以JHW-3可能是约休梭状芽孢杆菌的一个变种。图2-5为JHW-1和JHW-3电子显微镜照片。

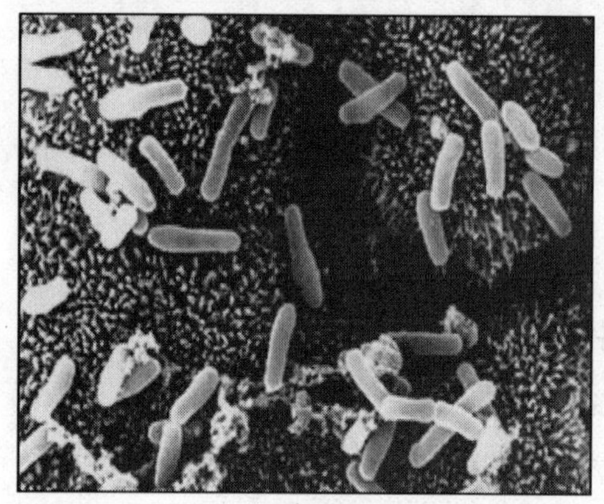

JHW-3

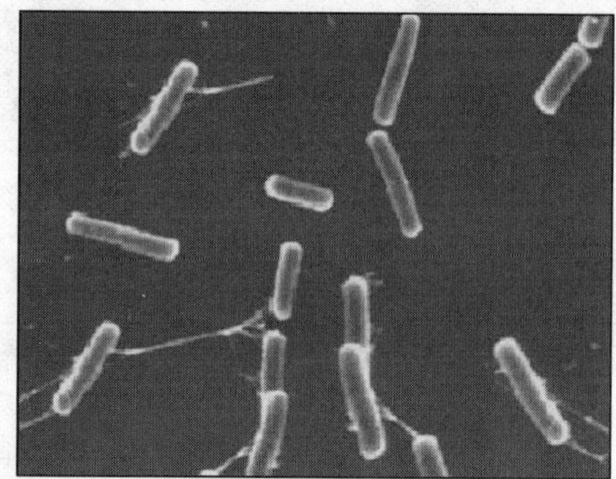

JHW-1

图2-5 JHW-1和JHW-3的电子显微镜照片（×13000）

二、菌株细胞浓度对降解效果的影响

将各菌在全营养培养基中培养48h，离心获菌体，将其加入聚合物培养基并调配成各浓度，45℃培养7d，检测降黏率，结果详见表2-5。

从表2-5可知，各菌种的降解效果变化规律相似，降黏率在菌株浓度较低时较差，随着菌株浓度的增大而增大，而当其达到5×10^7个/mL时降黏率基本达到最高点。菌株浓度进一步提高时降黏率增幅不大，说明其已接近最佳效果，故本聚合物降解实验所用菌株浓度基本均为5×10^7个/mL。

表 2－5　菌株浓度对降黏率的影响

浓度(个/mL) / 降黏率(%) / 菌种	2×10^6	1×10^7	5×10^7	2×10^8	1×10^9
JHW－1	34.7	46.5	48.5	47.2	50.3
JHW－3	30.6	41.7	52.3	54.1	53.4
JJF	26.9	40.4	42.6	45.3	44.8
JJH	21.5	31.8	37.1	40.4	42.7
复合菌	37.8	55.7	61.4	60.2	62.7

三、环境因素对降黏率的影响

实验测定了菌种在 pH 值为 7.0、5000mg/L NaCl、30～60℃温度条件下，5000mg/L NaCl、45℃、pH 值为 5.5～8.5 酸碱度条件下，以及 45℃、pH 值为 7.0、1000～30000mg/L NaCl 溶液中的降黏率。结果见图 2－6。

由图 2－6 所示结果可知，各菌的最适降黏温度均为 45℃左右，并在 40～50℃之间保持较强的降解活性；当温度升高和降低时活性均有下降。相对而言，除了 JJH 外，其他 3 株菌对高温的适应性更强一些，4 株菌组成的复合菌也表现出该规律。菌种的最适降解酸碱度条件为 pH 值在 7.0 左右，而且在 pH 值为 6.5～7.5 之间基本仍能保持较高的降黏能力。其中 JHW－1 和 JHW－3 在 pH 值低于 6.0 时降黏能力下降幅度较大，而 JJF 的活性更易受碱性影响，复合菌在 pH 值为 6.0～8.0 范围内活性始终较高。4 株菌的降解活性受矿化度影响较小，除 JJF 在矿化度高于 25000mg/L 时活性下降明显外，其他各菌活性变化不大。

总的来看，在 40～50℃、pH 值为 6.0～8.0 和 1000～25000mg/L 矿化度范围内，各菌种降黏活性变化均不大，其变化幅度大都小于 10%，复合菌对各环境条件表现出的适应性更为明显，这使得复合菌种能在较宽的环境条件下发挥降解作用。

四、环境因素对菌种细胞浓度的影响

将各菌种接种于全营养培养基，在各环境条件下培养 48h，检测 pH 值为 7.0、5000mg/L NaCl、30～60℃条件下，5000mg/L NaCl、45℃、pH 值为 5.5～8.5 酸碱度条件下，以及 45℃、pH 值为 7.0、1000～30000mg/L NaCl 溶液中的菌株浓度，结果见图 2－7。

JHW－3 和 JJH 的最适生长温度为 45℃左右，JHW－1 和 JJF 的最适温度分别为 42℃和 48℃；复合菌在 40～50℃范围内浓度变化不明显。由图 2－7 可见，复合菌的温度—浓度曲线不是正常的正态分布曲线，而且复合菌的浓度往往低于同温度时其他细菌（如 JHW－1 和 JJF）单独培养时的浓度。这主要是因为复合菌的各组成菌之间虽不会产生拮抗作用彼此抑制，但仍会互相影响，并因营养竞争关系使各菌不能生长至最大值。4 株菌及其复合菌的最适生长 pH 值均为 7.0 左右，其中 JJF 和 JJH 对 pH 值相对不敏感，JHW－3 在酸性环境中的生长能力强于碱性环境。各菌种的生长受矿化度影响均较小，在实验条件下各菌株细胞浓度均在 2×10^9 个/mL 以上。

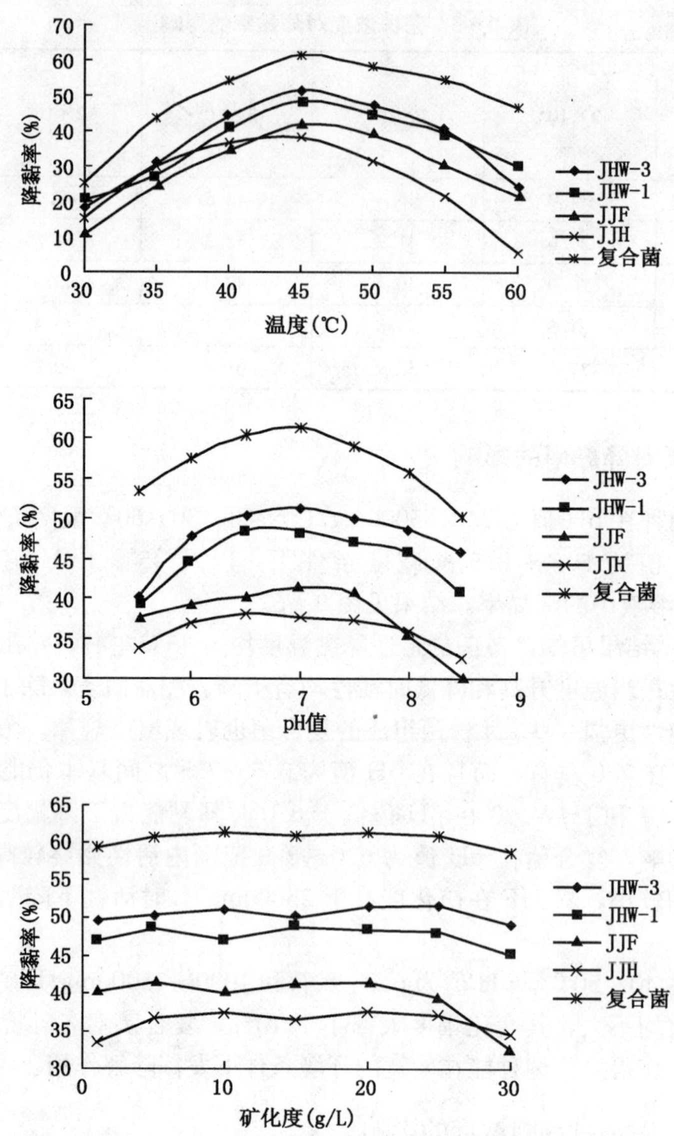

图2－6　环境因素对菌种降黏率的影响

由上述可知，菌种的浓度变化规律和活性变化规律大体一致，不过仍有很多存在偏差的地方。JHW－1和JJH最适生长温度和最强降解活性温度存在较明显距离，尤其是在低于40℃和高于50℃时，二者生长曲线和活性曲线的差距更显著。JHW－3在pH值超过8.0时不易生长，但其降解活性所受影响不明显；JJF的活性易受碱性抑制，但其在实验检测pH值范围内生长情况均良好。JJF的繁殖对实验所测范围矿化度不敏感，但超过25000mg/L时降解活性明显下降。这主要是由于微生物所产各种生物酶的活性条件并不统一，所以微生物某种生理活性的最适条件往往同其生长条件不完全一致，这也是微生物的一个常见现象。不过复合菌的生长曲线和活性曲线仍然比较接近，其原因是4株菌的性状虽各有特点，但它们的总体趋势大体一致，其所体现的“合力”也基本体现了这个趋势。

总的来看，温度、pH值、矿化度三种环境因素中，温度对菌种的降解活性和生长状

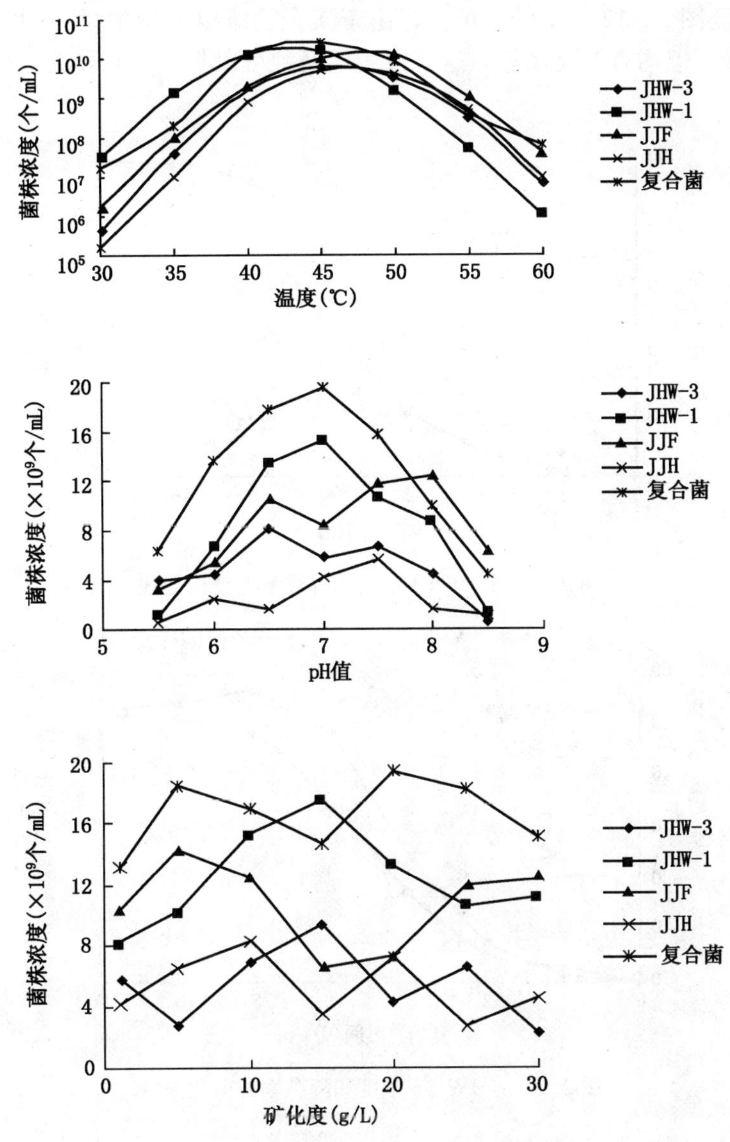

图 2-7 环境因素对菌株浓度的影响

态影响最大，矿化度的影响最小。地层温度主要是由其深度决定的，在某一区块中各局部区域的温度彼此差异通常不会太大；pH 值和矿化度一般由注入水的性质和地层矿物组成特点所决定，在注入水流动性较差的地层局部区域彼此的 pH 值和矿化度可能会有差异。所以，只要所选取的试验区块油层温度同菌种最适温度相近，菌种就能发挥最佳活性，即使地层中 pH 值和矿化度在某些局部发生变化也不会对菌种造成明显影响。

五、菌种降解能力和浓度同培养时间的关系

将菌种接入聚合物培养基 45℃培养 7d，每天测定菌株浓度和聚合物降黏率的变化，绘制曲线。

由图 2－8 至图 2－12 所示结果可见，由于聚合物难以为微生物利用，所以各菌种生长速度都很缓慢，但均有一定增长，这至少表明菌种可以将聚合物作为其生长的唯一有机营养源。

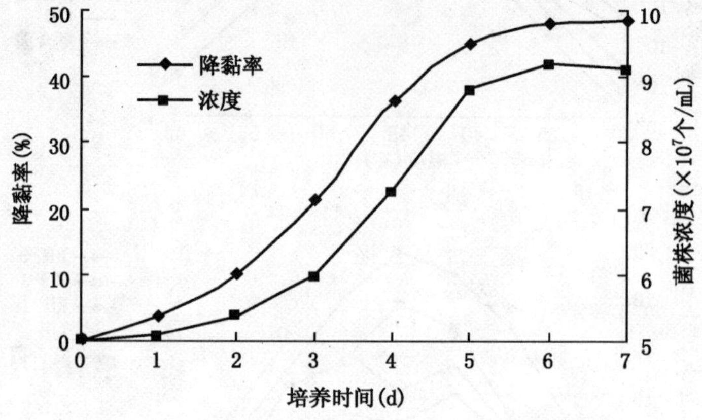

图 2－8　JHW－1 浓度和降黏率的变化曲线

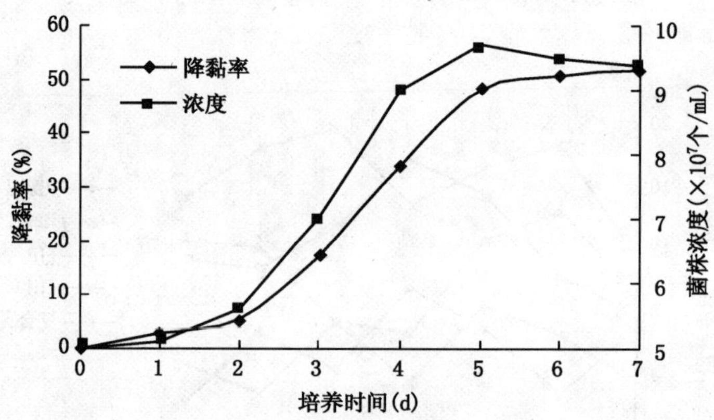

图 2－9　JHW－3 浓度和降黏率的变化曲线

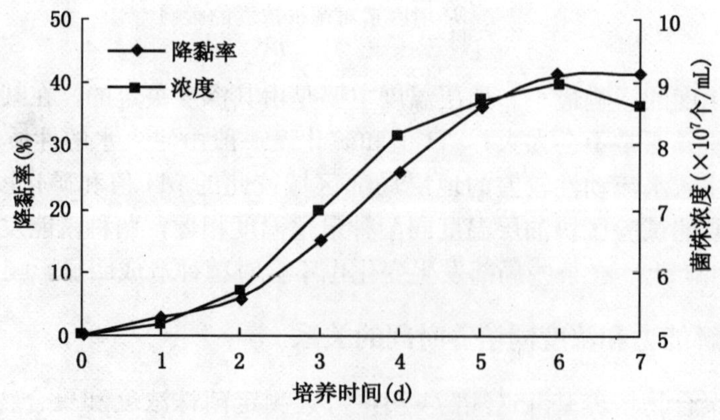

图 2－10　JJF 浓度和降黏率的变化曲线

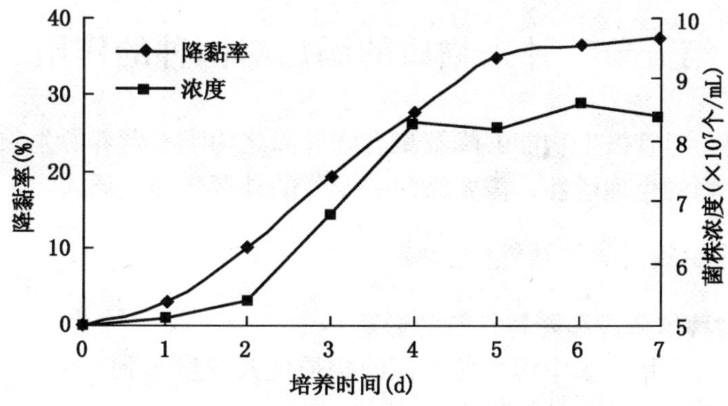

图 2－11　JJH 浓度和降黏率的变化曲线

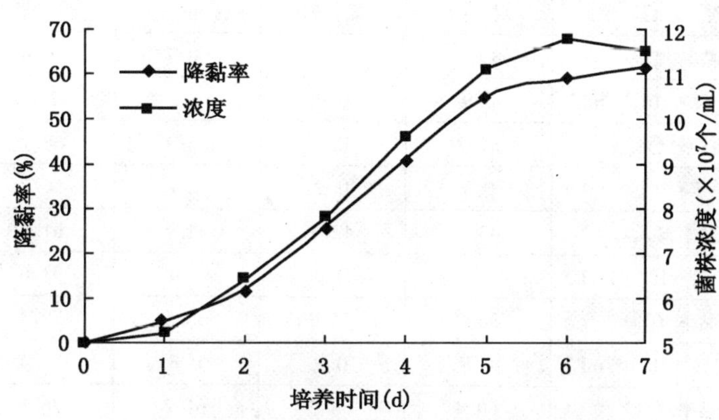

图 2－12　复合菌株浓度和降黏率的变化曲线

总的来说，各菌株浓度在反应的前两天内变化较小，表明其处于延滞期。而后进入指数生长期，到第四至第五天达到稳定期，在此期间菌株浓度由 5×10^7个/mL 升至 9×10^7个/mL 左右。聚合物降黏率的变化也基本符合该规律，只是延滞期相对不明显。在本实验中，各菌种除了降黏率最大值彼此差异较大外，其主要差别体现在菌株浓度和降黏率到达稳定期的时间差异上。

其中，JHW－1 和复合菌的菌株浓度、降黏率稳定期均为第 5 天；JHW－3 和 JJH 的菌株浓度稳定期则明显比其降黏率早 1 天。4 株聚合物降解菌发挥降解作用的生理机制彼此不同，各菌都为获得自己生长繁殖所需的营养源而分解聚合物，所以在其快速生长的同时也能高效降解聚合物；不过 JHW－3 和 JJH 在基本停止繁殖后仍会通过其产生某些代谢副产物继续降解聚合物，此时被降解的聚合物分子可能由于过大无法进入细胞而不能被细菌利用，也可能是因为细菌整体生理活性降低而不能高效吸收聚合物为营养源。复合菌不但降黏率高于各组成菌，而且其整体浓度也是最高。这主要是因为复合菌能更高效地降解聚合物，使其相对分子质量明显降低，更易于被菌种吸收利用，促进其生长繁殖。

第五节　外来物质的添加对菌种的作用

上述实验表明，尽管微生物能够降解聚合物并以之为唯一营养源生长，但降解效率很低，为了增强微生物的生理活性，需要添加一定量的外源营养物质。

一、外来营养物质对菌种活性的影响

1. 氮源物质对菌株浓度和降解性能的影响

在前述液体聚合物培养基中添加各类氮源物质使其浓度达到5g/L，培养7d，检测菌种降黏率和细胞浓度的变化，结果见表2－6。

表2－6　氮源营养物对降黏率和菌株浓度的影响

菌　种	项　　目	对　照	氯化铵	硝酸铵	蛋白胨	酵母粉
JHW－1	降黏率（%）	49.3	48.4	50.7	66.4	71.5
	菌株浓度（×10^8个/mL）	0.9	0.8	1.1	113.5	72.4
JHW－3	降黏率（%）	51.7	52.3	55.4	68.7	70.6
	菌株浓度（×10^8个/mL）	0.9	0.9	1.4	66.7	106.4
JJF	降黏率（%）	43.2	42.8	41.7	61.6	57.6
	菌株浓度（×10^8个/mL）	0.9	0.9	1.0	93.6	78.5
JJH	降黏率（%）	36.2	34.8	36.5	59.4	57.3
	菌株浓度（×10^8个/mL）	0.8	0.9	0.8	77.4	114.7
复合菌	降黏率（%）	60.4	58.2	61.2	76.5	80.3
	菌株浓度（×10^8个/mL）	1.1	1.2	1.2	105.8	126.7

表2－6中实验结果表明，无机氮源基本对降黏率没什么贡献，此时的菌株浓度相比也相差无几。这是由于菌种还不能高效地利用聚合物为碳源，外来无机氮源的添加对菌种生长没有明显刺激作用。有机氮源能提高菌种降黏效果，这是因为有机氮源物质同时也能提供碳源，能显著促进微生物繁殖，菌株浓度较未添加有机氮源时增大约100倍，这更利于其发挥生物活性。对于JHW－1和JHW－3来说酵母粉的影响更大些，复合菌也表现出这种特性；不过蛋白胨对JJF和JJH的促进作用更明显。

外来有机氮源对菌种降黏能力的刺激作用说明，将聚合物作为营养源吸收也许并不是菌种降黏的主要方式，它很可能是通过释放某种代谢物或胞外酶破坏聚合物的分子链，使其降解后再有限利用。还有，尽管各菌的降解活性彼此差异很大，但在添加了有机氮源的培养基中生长后的菌含量是相似的，这也说明各菌种降解活性的不同主要是由其生理特性，而非繁殖能力的差异造成的。

2. 碳源物质对菌株浓度和降解性能的影响

在液体聚合物培养基中添加5g/L的各类碳源物质，培养7d，检测各菌种降黏率和菌株浓度。结果见表2－7。

表 2-7　碳源营养物质对菌种降黏率和浓度的影响

菌种	项目	对照	葡萄糖	蔗糖	乙酸钠+乳酸钠	淀粉	液蜡	原油
JHW-1	降黏率（%）	49.3	86.7	48.5	47.8	83.4	51.4	50.7
	菌株浓度（$\times 10^8$ 个/mL）	0.9	18.6	1.0	0.8	15.4	1.2	1.1
JHW-3	降黏率（%）	51.7	88.4	92.3	50.4	84.3	52.6	51.2
	菌株浓度（$\times 10^8$ 个/mL）	0.9	16.3	19.2	0.9	14.6	1.3	1.1
JJF	降黏率（%）	43.2	68.8	72.1	43.6	70.6	42.4	44.1
	菌株浓度（$\times 10^8$ 个/mL）	0.9	15.2	17.1	1.1	12.6	1.1	0.9
JJH	降黏率（%）	36.2	56.4	34.7	33.6	59.7	43.5	47.4
	菌株浓度（$\times 10^8$ 个/mL）	0.8	18.4	1.1	0.8	11.4	4.6	6.2
复合菌	降黏率（%）	60.4	92.7	97.1	62.3	87.2	58.8	57.4
	菌株浓度（$\times 10^8$ 个/mL）	1.1	21.4	23.1	1.1	17.4	5.4	5.8

由表 2-7 中结果可知，小分子碳源（乙酸钠+乳酸钠）和液蜡、原油等烃类对各菌种基本都没有作用，这可能是因为菌种不能利用它们，或利用速度很慢。只有 JJH 例外，它能够分解利用液蜡和原油促进生长繁殖，并明显提高降解活性。复合菌同样能利用原油和液蜡使其整体细胞浓度提高，但降解聚合物能力却没有升高，这表明此时复合菌的组成发生了显著变化，JJH 比例过大，以至于影响了整体降黏效果。葡萄糖、淀粉、蔗糖等糖类碳源能明显提高菌种降黏活性，这说明菌种能利用它们为碳源进行繁殖。其中蔗糖对 JHW-3 和 JJF 的效果最明显；但 JHW-1 和 JJH 由于不能分解蔗糖，所以其受葡萄糖的影响更大。总的来看，在添加了外来碳源的培养基中，菌种降解性能基本同其浓度大体上成正比。

该结果还表明，葡萄糖、淀粉、蔗糖对菌种降黏效果的提高能力明显高于酵母粉和蛋白胨，而菌株浓度反而更低，这说明外来碳源物质基本上要比氮源物质更能激发菌种降解聚合物的能力。由于碳源物质不能提供氮源，所以菌种生长所需氮源来自聚合物，这会使菌种的某些生理活性增强，促进其对聚合物的降解。

3. 氮源与碳源物质组合对菌种活性的影响

将蛋白胨（pp）、酵母粉和葡萄糖、蔗糖、淀粉彼此组合加入液体聚合物培养基，使其浓度均为 2.5g/L，进行上述检测。

由表 2-8 中数据可见，各菌种此时的降黏率和浓度变化规律几乎一致：各营养组合培养液中菌株浓度明显超过单独使用蛋白胨、酵母粉时，不过降黏率则变化不大，仍明显低于单独使用碳源物质时。其原因可能是有机氮源、碳源共同存在能进一步促进菌种的生长，不过也使菌种难以利用聚合物为营养源。菌种虽然主要是通过其在生长过程中的共代谢作用降解聚合物的，但是当菌种以聚合物为一种营养源时能改变某些生化进程，促进这种共代谢作用，近而提高降解能力。

4. 外来营养物浓度的影响

由以上实验表明，所有外来有机营养物质中，蔗糖和葡萄糖对菌种降黏率的提高作用最为显著，所以下面检测糖类物质浓度同菌种降解活性的关系，结果见图 2-13 至图 2-17。

表 2-8　营养物组合对菌种降黏率和菌株浓度的影响

菌种	项目	对照	pp+葡萄糖	pp+淀粉	pp+蔗糖	酵母粉+葡萄糖	酵母粉+淀粉	酵母粉+蔗糖
JHW-1	降黏率（%）	49.3	76.3	71.6	68.4	73.7	69.4	68.1
	菌株浓度（$\times 10^8$ 个/mL）	0.9	124.8	156.2	85.4	108.4	146.7	77.4
JHW-3	降黏率（%）	51.7	70.2	65.4	67.4	75.4	71.4	72.7
	菌株浓度（$\times 10^8$ 个/mL）	0.9	156.2	103.7	93.5	125.4	85.2	154.7
JJF	降黏率（%）	43.2	63.7	58.7	66.2	64.8	62.5	65.5
	菌株浓度（$\times 10^8$ 个/mL）	0.9	103.4	92.8	163.5	124.7	146.4	156.2
JJH	降黏率（%）	36.2	62.5	56.8	58.7	64.7	61.2	57.8
	菌株浓度（$\times 10^8$ 个/mL）	0.8	115.7	141.6	97.2	128.1	153.4	83.6
复合菌	降黏率（%）	60.4	80.6	83.7	84.9	81.4	78.4	77.8
	菌株浓度（$\times 10^8$ 个/mL）	1.1	174.5	151.3	131.4	186.4	112.6	146.4

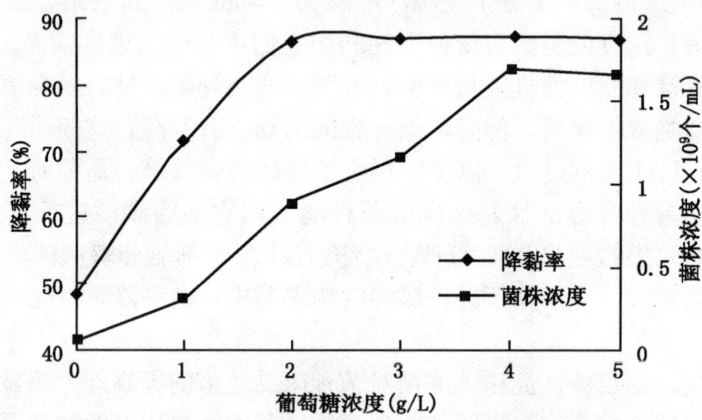

图 2-13　有机营养物浓度对 JHW-1 浓度和降黏率的影响

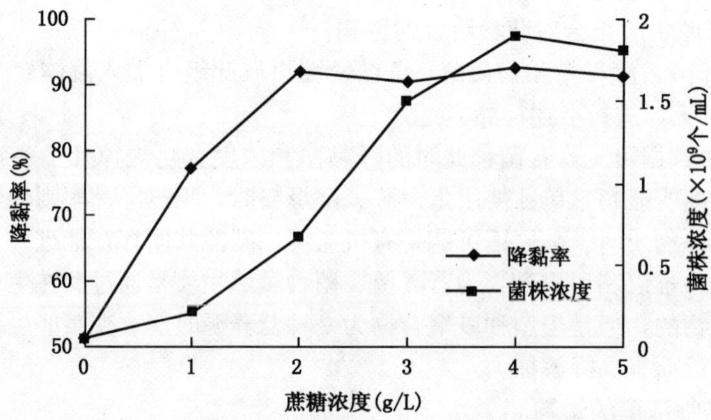

图 2-14　有机营养物浓度对 JHW-3 浓度和降黏率的影响

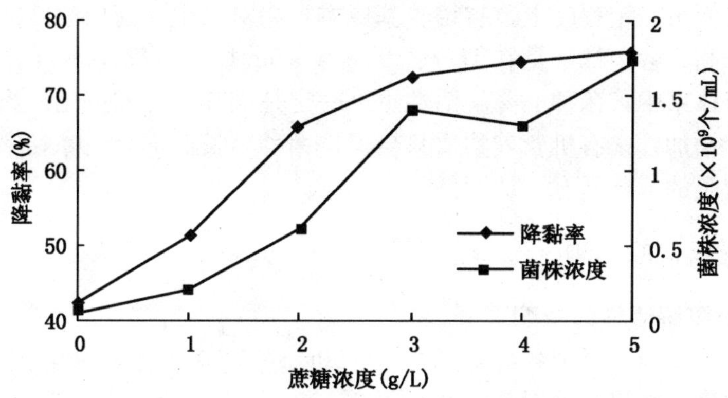

图 2－15 有机营养物浓度对 JJF 浓度和降黏率的影响

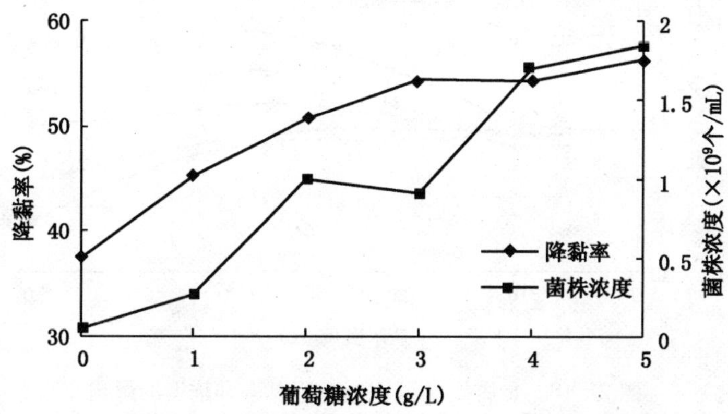

图 2－16 有机营养物浓度对 JJH 浓度和降黏率的影响

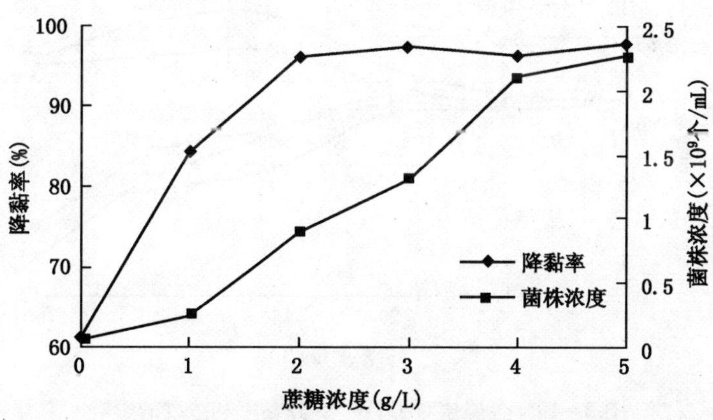

图 2－17 有机营养物浓度对复合菌降黏率和浓度的影响

由图 2－13 至图 2－17 可知，当葡萄糖（或蔗糖）浓度超过 2g/L 时，JHW－1、JHW－3 和复合菌的菌种降黏率变化均趋于平缓，说明其已经接近最大值；不过 JJF 和 JJH 在高于 3g/L 时才达到最大值。这表明外源营养物质在含量较低时就可使菌种发挥最大降解活性，从而可一定程度上节省培养基成本。相对来说，菌株浓度能始终随糖类物质含量的增大而升高，各菌株都是在糖分含量达 4～5g/L 时浓度才不再显著升高。这说明即使在同一营养体系中，菌种的降解活性也不一定是同其浓度成正比。当菌种降解能力达到最大时，继续增加外来有机营养物质只会促进菌种生长而不会使降黏率提高，并且对生长的促进也是有限的。

二、微量无机盐的影响

1. 无机盐对降解活性的影响

在液体聚合物培养中添加各种金属盐 0～50mg/L，接入各株降解菌，培养 7d，检测降黏率和菌株浓度。结果详见图 2-18 至图 2-22。

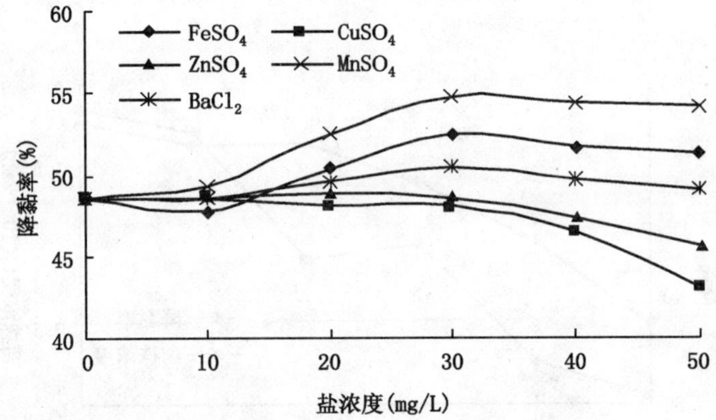

图 2-18　金属盐对 JHW-1 降黏率和浓度的影响

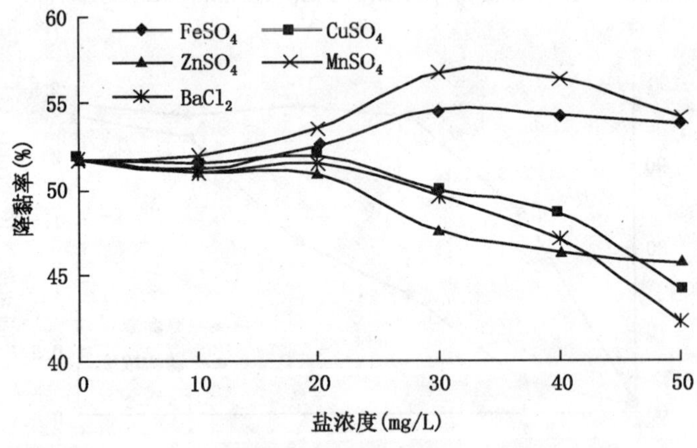

图 2-19　金属盐对 JHW-3 降黏率和浓度的影响

由图 2-18 至图 2-22 可知，金属离子对各菌种的作用效果彼此不同。对 JHW-1、JHW-3 和 JJH 来说，$FeSO_4$含量的增加对菌种降解能力有促进作用，在 30～50mg/L 范围内降黏率基本达到最大值，不过它对 JJF 的活性没有明显影响。$CuSO_4$对各菌种的降解活性均有抑制作用，相对来说 JHW-1 的抵抗力较强，而 JJH 稍差。$ZnSO_4$在浓度大于

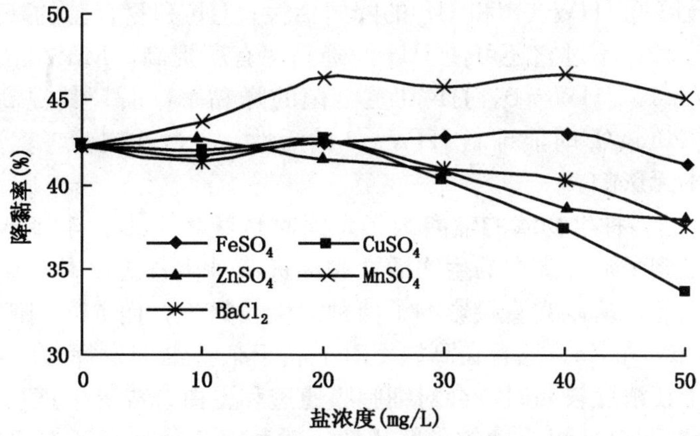

图 2-20　金属盐对 JJF 降黏率和浓度的影响

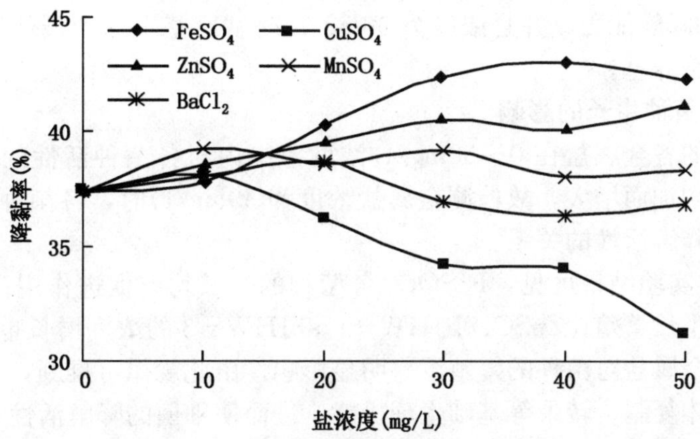

图 2-21　金属盐对 JJH 降黏率和浓度的影响

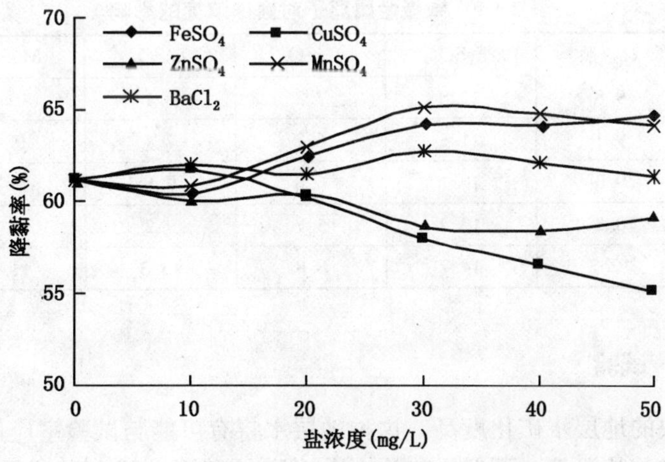

图 2-22　金属盐对复合菌降黏率和浓度的影响

30mg/L 时能明显降低 JHW－3 和 JJF 的降解活性；JJF 和复合菌的降解能力在其作用下也会降低，但不显著；不过它还可使 JJH 的降黏率有所提高。$MnSO_4$在超过 30mg/L 时，能明显提高 JHW－1、JHW－3、JJF 和复合菌的降黏率，而且其提高幅度大于 $FeSO_4$。$BaCl_2$在浓度超过 20mg/L 时能抑制 JHW－3 的活性，不过在实验考察浓度范围内对其他各菌种的活性基本无影响。

Fe^{2+} 和 Mn^{2+} 是多种生物酶的辅酶因子，同时是微生物多种生理活动所必需的元素，所以它们能够通过刺激活性蛋白的生物活性和促进菌种生长提高其降解能力。相对来说，Fe^{2+} 影响范围更大些，所以它直接影响了菌种的生长繁殖，而 Mn^{2+} 则可能是直接针对活性蛋白。Ba^{2+} 、Cu^{2+} 和 Zn^{2+} 三者在高浓度时不利于某些细菌发挥其降解作用，这主要是由于这些金属离子在浓度较高时，会对细胞膜通透和蛋白合成等生理功能产生抑制。因为 Ba^{2+} 和 Zn^{2+} 不会抑制全部组成菌的降解活性，对某些菌种甚至还有促进作用，所以复合菌基本能够抵消 Ba^{2+} 和 Zn^{2+} 的负面作用，使其降黏率下降不明显。不过 Cu^{2+} 仍会一定程度上抑制复合菌的降解活性，在此后的应用中应给与注意。而 Fe^{2+} 和 Mn^{2+} 能提高各菌种（包括复合菌）的降解能力，并且浓度为 30mg/L 时就已基本达到最佳值，所以后续实验应考虑以此改良培养基。

2. 无机盐对菌种生长的影响

实验所检测的各金属盐在 0～50mg/L 浓度范围内对各菌种活性的抑制或促进作用，基本均为随浓度增加而增大。故检测金属盐浓度为 50mg/L 时，各菌种培养 7d 后的菌株浓度，考察其与降解活性的关系。

由表 2－9 中实验结果可见，$FeSO_4$对各菌种的生长均有促进作用；而 $CuSO_4$则会普遍抑制革菌种的生长繁殖；$ZnSO_4$对 JHW－1 和 JHW－3 的浓度增长也有一定限制作用。除此以外，其他金属盐对菌种的繁殖没有明显影响。由此规律可推断，$FeSO_4$和 $CuSO_4$会影响菌种的染色体复制、转录等基础生理机能，进而使细菌的降解活性和生长速度发生变化；而 $MnSO_4$和 $BaCl_2$则会通过使降解酶活性增强、降低等方式直接影响菌种的降解活性，但菌种的繁殖能力却没有明显变化。

表 2－9　微量金属离子对菌株浓度的影响　　$\times 10^7$个/mL

菌　种	对　照	$FeSO_4$	$CuSO_4$	$ZnSO_4$	$MnSO_4$	$BaCl_2$
JHW－1	9.8	12.8	7.3	8.1	10.3	9.4
JHW－3	9.1	11.6	6.2	7.4	9.4	9.7
JJF	9.3	10.1	6.8	9.5	8.7	9.6
JJH	8.5	12.2	5.7	9.2	8.1	7.7
复合菌	12.2	14.7	8.8	13.3	11.7	12.6

三、沉淀反应试验

由于实验区块的地层水矿化度高，这种地层水将有可能与试验室应用的营养体系中的磷酸根反应形成磷酸盐沉淀，不但影响注入菌对磷的利用，还会对地层造成伤害；同时，地层水本身含有一部分营养物质，可供细菌生长利用。基于上述原因，对注入的营养物质进行了优选。优选的原则：①防止与地层水反应生成沉淀；②注入的物质要有效地促进细菌的生长；③尽可能地减少药剂的投入，以节约成本。依据上述原则，进行了沉淀反应试验和营养物质选择试验。

以 $Na_3P_3O_{10}$、K_2HPO_4 和 Na_2EDTA 按不同比例加入地层水，在45℃下振荡7d，目测该盐溶液沉淀情况。

因为该地层水中缺少微生物生长必需的磷元素，所以应加入一定量的磷盐；地层水中高含量的钙、镁离子也会对微生物繁殖造成伤害，并降低无机营养盐的效果，故应加入适量螯合剂。由于三聚磷酸钠和乙二胺四乙酸二钠是螯合剂，且三聚磷酸钠又可提供磷源。因此，以上述两种物质和常用磷盐（K_2HPO_4）为基础进行筛选（见表2－10）。

表2－10 沉淀反应试验结果

地层水（mL）	$Na_3P_3O_{10}$（%）	Na_2EDTA（%）	K_2HPO_4（%）	沉淀状况
100	—	—	0.5	+++
100	—	0.05	0.5	+++
100	—	0.10	0.5	++
100	0.5	—	—	++
100	1.0	—	—	+
100	0.5	0.05	—	+
100	0.5	0.10	—	—
100	1.0	0.05	—	—

注：$Na_3P_3O_{10}$ 为三聚磷酸钠；Na_2EDTA 为乙二胺四乙酸二钠；+++—大量沉淀；++—少量沉淀；+—微沉淀；——无沉淀。

可见，以三聚磷酸钠代替 K_2HPO_4 可有效防止沉淀的形成，既可提供磷源，又可作为螯合剂。在该系统中加入0.05%的 Na_2EDTA 可完全防止沉淀。

第六节 最适营养条件下菌种的性能

一、培养基的优化对菌种降解活性和生长情况的影响

在聚合物培养基中添加2g/L蔗糖（或葡萄糖）及30mg/L的 $FeSO_4$ 和 $MnSO_4$ 后，检测培养7d后菌种的降解活性和浓度，结果见表2－11。

表2－11 添加微量金属盐后菌种的最强降解活性

菌　种	未加微量金属盐		添加微量金属盐	
	降黏率（%）	菌株浓度（$\times10^8$ 个/mL）	降黏率（%）	菌株浓度（$\times10^8$ 个/mL）
JHW－1	86.7	18.6	89.3	17.4
JHW－3	92.3	19.2	94.1	20.8
JJF	71.7	17.1	74.3	17.6
JJH	56.4	18.4	58.6	21.5
复合菌	97.1	23.1	97.8	22.4

加入微量金属盐后，4 株菌的降黏率均较添加前提高 2～4 个百分点，而菌株浓度变化不显著，复合菌活性的提高也相对不明显。这主要是因为当存在大量外来有机营养时，营养物质含量将成为菌株浓度的主要限制因素，所以添加微量金属盐前后菌株浓度没有显著变化。而且聚合物在蔗糖条件下已被复合菌高效降解，接近极限，复合菌活性即使再提高也不易继续降解聚合物。

利用单因素显著性分析，来验证微量金属盐对复合菌降黏率的影响，单因素显著性分析步骤如下：

$$ssT = \sum_{i=1}^{a}\sum_{j=1}^{m}(x_{ij} - \bar{x})^2, \qquad dfT = am - 1$$

$$sst = m\sum_{i=1}^{a}(\bar{x}_i - \bar{x})^2, \qquad dft = a - 1$$

$$ssr = a\sum_{j=1}^{m}(\bar{x}_j - \bar{x})^2, \qquad dfr = m - 1$$

$$sse = \sum_{i=1}^{a}\sum_{j=1}^{mi}(x_{ij} - \bar{x}_i - \bar{x}_i + \bar{x})^2 = ssT - sst - ssr, \qquad dfe = (a-1)(m-1)$$

$$Mst = sst/dft,\ Msr = ssr/dfr,\ Mse = sse/dfe,\ F = Mst/Mse$$

F 同 $F_{0.05}$（dft，dfe）比较，F 值若大于 $F_{0.05}$（dft，dfe），表示各组复合菌活性彼此差异大；若小于 F 值若大于 $F_{0.05}$（dft，dfe），则差异小。

i，a 为组合号和总组数（2）；j，m 为每组内平行样的样本号和每组总样本数（3）。

计算结果见表 2－12。

表 2－12　各菌种降黏率的 F 比

菌　种	未加微量金属盐	添加微量金属盐	F 比
JHW－1	84.3，86.7，89.1	85.7，89.3，92.2	1.01
JHW－3	90.7，92.5，93.7	93.6，93.2，65.7	2.38
JJF	66.8，70.5，77.8	71.2，73.1，78.6	0.44
JJH	50.7，57.8，60.3	55.7，59.8，60.3	0.44
复合菌	96.3，97.3，97.8	96.8，98.1，98.3	0.86

$F_{0.05}$（1，4）为 7.71，它远大于 4 株降解菌及其复合菌的 F 比，这说明微量金属对 4 株聚合物降解菌及复合菌降黏率均无显著影响，所以微生物培养液在添加了有机营养——蔗糖后不必再微量金属盐。

二、厌氧条件下菌种的降解性能

将基础无机盐溶液配方改为：NaCl，1.0g/L；$(NH_4)_2SO_4$，0.1g/L；$MgCl_2$，0.25g/L；$NaNO_3$，0.2g/L；NaH_2PO_4，0.5g/L；K_2HPO_4，1.0g/L；再添加 2g/L 蔗糖（或葡萄糖）及 30mg/L 的 $FeSO_4$ 和 $MnSO_4$。将各菌种接入，厌氧培养 7d，检测降黏率和菌种细胞浓度变化。然后在培养基中分别加入 1g/L 的 KNO_3 或 K_2SO_4，并在 K_2SO_4 培养基中加入 $FeCl_2$ 以检验 S^{2-} 的产生情况，重复上述实验。结果见表 2－13。

表 2－13 厌氧条件下电子受体对菌种的影响

菌　种	未补充电子受体		KNO_3		K_2SO_4	
	降黏率（%）	菌株浓度（$\times10^8$ 个/mL）	降黏率（%）	菌株浓度（$\times10^8$ 个/mL）	降黏率（%）	菌株浓度（$\times10^8$ 个/mL）
JHW－1	62.7	3.8	76.8	9.7	61.4	2.4
JHW－3	72.7	12.2	89.4	63.5	70.4	11.5
JJF	54.5	3.7	58.6	4.4	67.2	10.4
JJH	43.7	2.7	49.3	8.7	42.8	3.4
复合菌	75.8	15.5	92.5	74.8	74.4	18.4

实验所用菌种虽均可在厌氧条件下生存并降解聚合物，但降解效能和繁殖能力均较有氧时显著下降。这是因为微生物在有氧和厌氧条件下的生理生化进程存在较大差异，进行厌氧呼吸时所用电子受体的电势能通常远低于氧，所以很难产生出足够的生化能，导致微生物的生理活性明显降低。而且基础无机盐培养液中电子受体含量很低，这进一步限制了菌种的正常生长和代谢。

这其中的例外是JHW－3，它在厌氧条件下的浓度明显超过其他菌株，甚至超过有氧时的生长状态，只是降黏率仍低于有氧培养时。这是因为JHW－3是厌氧菌，它在有氧时虽然也可生长，呈微好氧状态，但毕竟不如厌氧时。不过该菌的降解机能对氧有一定依赖性，所以随着氧气的减少其降黏率随之降低。

NO_3^- 和 SO_4^{2-} 是多数细菌进行厌氧呼吸时所需的电子受体，实验发现它们能明显促进菌种的生长并提高降解活性，使菌种降解能力和浓度接近有氧条件下的状态。其中JHW－1、JHW－3和JJH主要以 NO_3^- 为电子受体，而JJF的电子受体为 SO_4^{2-}。如果将1g/L的 KNO_3 和 K_2SO_4 同时加入复合菌的培养基，培养7d后的降黏率和菌株浓度分别为92.2%、16.3×10^8 个/mL，同单独加入 KNO_3 相比没有明显变化，这说明复合菌受 NO_3^- 影响更大。在厌氧培养时，各菌种在有足够电子受体的情况下能明显增强生理活性，并促进繁殖，这就意味着菌种在地层的缺氧环境中仍能高效降解聚合物。

S^{2-} 产生实验表明JHW－1、JHW－3和JJH培养液没有产生黑色FeS沉淀，JJF虽然能以 SO_4^{2-} 为电子受体进行呼吸，但它只产生少许沉淀，这可能是JJF不能将全部 SO_4^{2-} 都还原成 S^{2-}，一部分只能还原到 SO_3^{2-}。而且，如在培养复合菌时的同时加入 KNO_3、K_2SO_4 和 $FeCl_2$，也没有沉淀产生。这就可以大大减轻菌种在地层厌氧环境中产生FeS堵塞地层的危险，不过出于更加安全的考虑，在厌氧培养时应添加 KNO_3 进一步降低FeS产生的可能性。

三、菌种发酵前后聚合物相对分子质量分布的变化

将菌种接种蔗糖（葡萄糖）聚合物培养基培养7d，比较反应前后聚合物相对分子质量分布的变化，结果见图2－23。

实验结果表明，各菌均能明显降解聚合物，使其相对分子质量显著降低，证明各菌种均是通过使聚合物分子链断裂而降黏的。反应前聚合物相对分子质量的峰值为 10^7，主要

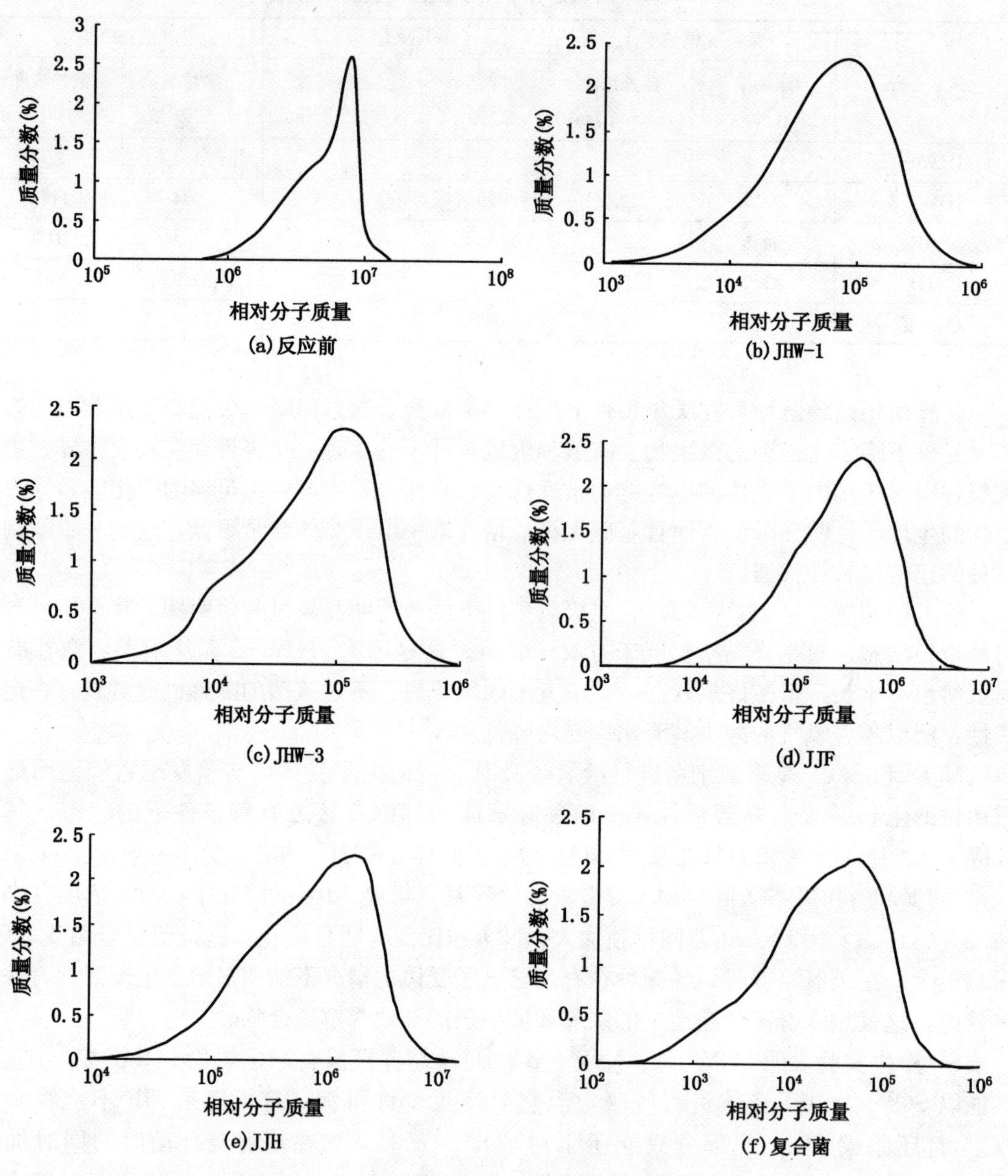

(a)反应前

(b)JHW-1

(c)JHW-3

(d)JJF

(e)JJH

(f)复合菌

图 2-23　菌种作用前后聚合物相对分子质量变化

分布区间为 10^6～10^7，峰形明显，分布集中；反应后没有明显峰形，分布较为离散。其中 JHW-1、JHW-3 和复合菌所降解聚合物的峰值接近 10^5，分布为 10^3～10^6；JJF 和 JJH 所降解聚合物峰值在 10^6左右，分布于 10^3～10^7。这证明了聚合物在菌种作用下明显被降解，其碳链大量断裂。降解后各种相对分子质量的碳链含量比例都很高，表明菌种降解聚合物的作用位点在聚合物碳链中部，而非末端。

第七节　复合菌种降解聚合物协同效应的研究

一、不同糖类营养体系对各菌种生长状态的影响

将4种降解菌以（1～1.5）$\times 10^7$个/mL接种蔗糖聚合物培养基，培养7d后，检测各菌株浓度变化，结果见图2－24。

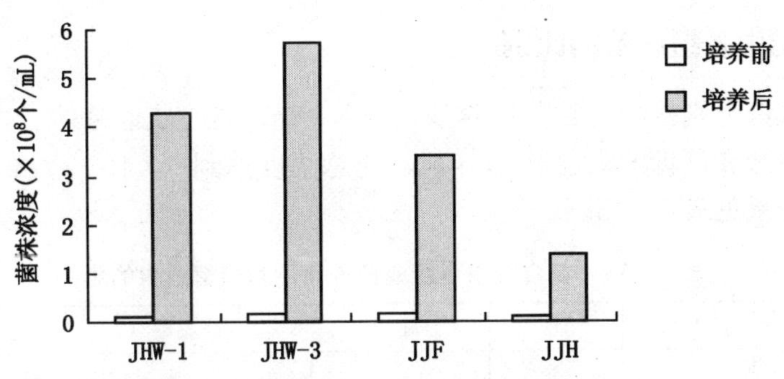

图2－24　在蔗糖体系中混合培养时各菌株的浓度

如前所述，菌种在碳源物质——蔗糖、葡萄糖存在时降解活性最强。JHW－1和JJH几乎不能利用蔗糖，不过它们能较好地利用葡萄糖，同JHW－3和JJF相比差别不大。但是复合菌接种蔗糖聚合物培养基后，不能利用蔗糖的JHW－1和JJH的浓度却有明显增长，它们的浓度明显超过了单独培养时。这主要是因为JHW－3和JJF利用蔗糖时会先将其水解产成葡萄糖，进而被JHW－1和JJF吸收。这样就使营养物得到了充分的利用，并使各菌株形成了营养上的共生关系。

二、各菌株对不同聚合物底物的利用情况

用4种不同相对分子质量的聚合物配制液体聚合物培养基，分别单独接种4株降解菌和复合菌，培养7d后检测降黏率。4种聚合物为低分子、中分了、高分子、抗盐聚合物，它们的相对分子质量分别为3×10^6、15×10^6、18×10^6、29×10^6。结果见表2－14。

表2－14　各菌种对不同相对分子质量聚合物的降黏率　　%

菌　种	低分子	中分子	高分子	抗　盐
JHW－1	33.2	40.1	51.5	47.4
JHW－3	43.8	46.1	54.2	43.4
JJF	45.8	47.4	43.7	32.7
JJH	28.7	42.1	40.8	34.4
复合菌	52.7	58.4	61.4	54.5

如实验结果所示，JJF和JJH对低分子聚合物降解效果好，JHW－1对高分子降解能力强，JHW－3的能力相对平均。这表明4种菌对各种相对分子质量的聚合物基本都有作

用，可使体系中各类聚合物都得到充分利用。相对而言，菌种对低相对分子质量聚合物的降解作用较差，其可能原因是：高相对分子质量聚合物的分子链较长，被微生物打断后其链长会显著减短；而低相对分子质量聚合物分子链长平均只有其他3种大分子聚合物的1/6～1/10，其链长的变化幅度也会相对较小，所以低分子聚合物的黏度不容易降低。高分子和抗盐聚合物被JHW－1和JHW－3降解后，其相对分子质量降低，JJF和JJH会进一步对其降解，从而使各菌能更好地通过其协同效应降解聚合物。从实际效果看，复合菌对各种聚合物均有较高的降解率，也证实了这一点。

三、复合菌中各组成菌的比例

将4种组成菌分别接种全营养培养基，培养48h，离心获取菌体。按下表各比例接入添加了微量无机盐和蔗糖的聚合物培养基，使总浓度达到5×10^7个/mL。培养7d，检测降黏率，实验结果见表2－15。

表2－15　复合菌中各组成菌株比例对降解效果的影响

组合号	JHW－1	JHW－3	JJF	JJH	降黏率（%）			降黏率均值（%）
1	1	1	1	1	97.1	98.1	98.2	97.8
2	0.5	0.5	2	1	97.1	97.8	98	97.6
3	0.5	1	0.5	2	96.9	97.7	98.5	97.7
4	0.5	2	1	0.5	96.8	98	98.1	97.6
5	1	0.5	2	1	96.8	98.1	98.4	97.8
6	1	1	0.5	2	97.5	98.1	98.4	98.0
7	1	2	1	0.5	96.7	97.8	97.9	97.5
8	2	0.5	2	1	97.1	97.6	98.7	97.8
9	2	1	0.5	2	96.9	97.1	97.8	97.3
10	2	2	1	0.5	97.2	97.4	97.9	97.5

通过单因素显著性分析，10种比例复合菌降黏率的F比为0.29，而$F_{0.05}(9, 20)=2.39>0.29$，这表明复合菌各组成菌的比例对最终降黏率没有显著影响。前文提到，当菌种细胞达到一定数量时，继续提高浓度对菌种的整体活性影响不大，这对于复合菌中的每一种组成菌来说同样如此。所以本复合菌在进行复配时，不需要严格确定各组成菌比例，这为实际使用过程提供了一定方便。

第八节　驱油微生物菌株保藏

目前有很多种菌种保藏的方法，但对于保藏的实际效果和条件缺乏系统的实验分析和研究。为此，作者通过实验得到了一些有益的认识。

一、菌种的长期保藏

将4株菌混合，接种以聚合物为碳源的培养基制成的斜面，培养72h后置于4℃冰箱，可保藏1年。将菌接种葡萄糖液体培养基，培养24h后加入脱脂牛奶作保护剂，用冷冻干燥机进行冷冻干燥，可保藏3年以上。

二、菌体培养液保藏条件研究

采用摇瓶培养所得菌液，密封置于不同温度下保存，每隔15d取样测定活菌数。活菌计数主要用平板计数法，即将所得到的发酵液用无菌水做系列稀释后，分别取0.1mL涂平板，置于温箱中培养1d后，数出平板上的菌落数，则发酵液的菌落数为平板上长出的菌落数×10×稀释倍数。

一般来说，如果菌液中的活菌随时间延长发生明显变化，则说明保藏效果差。菌株浓度的变化见图2-25。从图中可以看出保存温度越高，活菌数增加越明显，这主要是因为4株降解菌虽然最适生长温度都在40℃以上，但在较低温度下仍可缓慢生长。因此，建议在较低温度下保存菌体发酵液。由此图还可知，在4℃下，菌体发酵液放置很长时间，菌体数目没有发生明显的变化。但考虑到低温长时间可能会影响菌体的代谢功能，建议菌体保存时间不要过长。

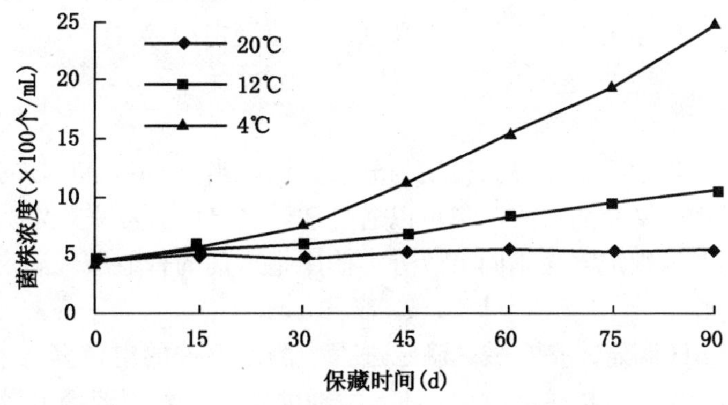

图2-25　低温条件下菌液中菌株浓度的变化

第九节　小　　结

(1) 本文筛选到4株聚合物降解菌种：JHW-1、JHW-3、JJF、JJH，它们分别属于芽孢杆菌属、梭状芽孢杆菌属、假单胞杆菌属、芽孢杆菌属。它们在45℃，pH值为6.0～8.0条件下均生长良好，并对聚合物HPAM有较强的降解活性。在以聚合物为唯一营养源时，4株降解菌可将聚合物黏度减小37%～52%，由其组成的复合菌降黏率为61%左右。

(2) 有机营养源的添加可大大提高其降解能力，聚合物培养基中加入酵母粉、蔗糖及二者混合物后，复合菌种可使降黏率分别增至80%、97%和85%左右。若再加入30mg/L的$MnSO_4$和$FeSO_4$，降黏率会有进一步的提高。各组成菌也是在以蔗糖（葡萄糖）和聚合物为营养源时降黏率最高。

(3) 复合菌中各组成菌不存在拮抗，能充分利用培养基的营养体系，其最适降解聚合物的相对分子质量不同，这表明它们有很好的协同作用。而且，各组成菌的比例不必严格确定。

第三章　微生物降解聚合物的化学和生物机理

第一节　水解度的测定方法的选择

HPAM的水解度主要反映了聚合物侧链上酰胺基团和羧酸（羧酸盐）基团的比例。一些资料表明聚合物被微生物降解的同时常常伴随水解度的变化，因此要揭示微生物降解聚合物的机理就需要准确测定聚合物水解度。

水解度的测定方法主要有：①氮含量的元素分析；②^{13}C－NMR法；③红外光谱法；④LV光谱法；⑤热重分析法；⑥量热法；⑦电导滴定法；⑧电位滴定法；⑨普通酸碱滴定。

以上各种方法各有优缺点和适用范围。前6种方法需要用到较贵的分析仪器，这使其广泛的工业使用受到限制，所以一般用于科学研究中，有助于对结构不十分明确样品的分析[86,87]。本书所述实验主要应用^{13}C－NMR法和电位滴定法等。

一、电位滴定法

基于酸碱反应的化学滴定是最为通用的分析方法，当PAM链上含的是弱电离性的基团，无论以酸的形式还是盐的形式，都可以通过酸碱滴定的方法来测定其含量。在酸碱滴定中，依据滴定终点的判定方法不同可以分为使用指示剂的普通酸碱滴定和借助仪器的电导滴定、电位滴定等。

电位滴定（即pH滴定）是在酸碱滴定过程中测定溶液的电位（或pH）随滴定体积的变化。在电位滴定中，以电位计（pH计）为辅助仪器，采用玻璃电极为测量电极，甘汞电极为参考电极，测定时把玻璃电极和甘汞电极同时放到待测液中，随滴定剂的不断加入，读出两电极的电位差（pH值）随滴定剂体积的变化，根据所用酸的体积来计算水解度。在pH测定时，需对pH计进行pH标定，测得的数值为真实的pH值，而在电位滴定中，则不需进行标定，只需测得相对电位变化即可，这也就是称为pH滴定与电位滴定的异同。

二、核磁共振法

核磁共振谱法（NMR）已成为鉴别和表征聚合物化学组成和结构的重要方法。NMR谱分为氢谱^{1}H－NMR和碳谱^{13}C－NMR。在磁场中，具有顺磁性的原子（^{1}H或^{13}C）会因其局部化学环境不同产生不同的磁场屏蔽程度，导致对射频区电磁波的吸收频率发生偏移，这个频率偏移量与参比原子偏移量之差被称为化学位移δ。通过化学位移的不同可以鉴别不同结构的H（或C）原子。化学位移δ常用无量纲单位，即将化学位移的频率值除以所使用的射频再乘以10^6得到δ，写成10^{-6}。

HPAM的侧链基团主要有酰胺、羧酸根、羧酸，羧酸与羧酸根基团的总和为HPAM的水解度。羧酸与羧酸根上的碳原子在^{13}C－NMR图谱中表现不同，采用^{1}H－NMR较难区分以上各结构单元，但^{13}C－NMR谱可以方便地区别上述结构中羧基的羰基碳、酰胺的羰基碳结构。因此通过^{13}C－NMR谱可以有效地鉴别HPAM的结构并可测定PAM的水解度。如采用高分辨^{13}C－NMR，还可以有效地分辨相邻结构单元的差异，区别结构单元的三元组合，从而描述结构单元的短程序列分布。这种方法已被广泛应用于PAM的水解研究及结构测定。水解PAM的^{13}C－NMR谱中相应谱峰的归属为，化学位移在（182.9～186.2）$\times10^{-6}$的峰为羧酸根的特征峰，化学位移在（180～182.2）$\times10^{-6}$的峰归属于酰胺基，游离羧酸峰的化学位移在（179～182）$\times10^{-6}$与酰胺有一定的重叠，但在适当的pH值下（pH值大于8）游离羧酸会转化为羧酸根离子。从而利用^{13}C－NMR谱图中各吸收峰的面积可以求得水解度。

第二节　菌种作用后聚合物分子结构的变化

一、实验方法

将菌种接入液体聚合物培养基中，设无营养对照、蔗糖（葡萄糖）、酵母粉3个试验组，培养7d。提纯聚合物，测定聚合物质量，并检测聚合物侧链基团的含量和聚合物相对分子质量。

1. 聚合物侧链基团含量的检测

以D_2O为溶剂溶解提纯后的聚合物，用核磁共振^{13}C－NMR（AV300型）测定各侧链基团的百分比。

^{13}C－NMR测试的谱宽$S_w=30959.8Hz$，射频时间$a_t=1.300s$，延迟时间$d_1=1.500s$，发射频率$S_{frq}=150.828MHz$，射频次数$n_t=1000$次，偏转角为45°。DEPT谱中的$mult=0.5，1，1，1.5$。$j_{1xh}=140.0Hz$；^{13}C谱工作频率为150MHz。

2. 相对分子质量的测定与计算

按照国标12005.1—1989中一点法测定样品溶液的特性黏度，再根据式（1）计算样品聚合物的摩尔质量。

$$[\eta]=4.75\times10^{-3}M^{0.8} \text{或} M=802[\eta]^{1.25} \quad (3-1)$$

式中　M——相对分子质量；

$[\eta]$——特性黏数。

二、实验结果与机理分析

实验结果见表3－1。HPAM溶解在水溶液中时，HPAM的侧链基团主要为—$CONH_2$和—COO^-，此外还有少量的—COOH。在三种营养体系内，经菌种作用后聚合物侧链的羧酸、羧酸根基团含量均有增加，同时酰胺基团含量和pH值下降，其他基团含量很低（小于1%），并且没有明显变化。这是因为聚合物在微生物作用下，一部分—$CONH_2$基团被微生物分泌的水解酶水解为—COOH，氨基氮被微生物吸收为氮源，而部分—COOH进一步电离为—COO^-和H^+，使pH值降低。

表 3-1　降解后聚合物侧链基团含量的变化

菌　种	项　目	pH 值	聚合物浓度 (mg/L)	酰胺含量 (%)	羧酸根含量 (%)	羧酸含量 (%)	相对分子质量 ($\times10^6$)
	实验前	7.2	996	75.4	24.5	0.1	17.8
JHW-1	对照	6.8	943	71.8	26.9	1.3	7.2
	葡萄糖	6.2	938	61.5	31.3	7.2	0.9
	酵母粉	7.1	972	72.3	26.6	1.1	2.8
JHW-3	对照	6.8	941	72.3	26.8	0.9	6.7
	蔗糖	6.2	926	60.8	32.0	7.2	0.5
	酵母粉	6.9	953	72.4	26.5	1.1	2.4
JJF	对照	7.0	962	72.1	26.7	1.2	8.1
	蔗糖	6.4	953	65.4	30.1	4.5	3.1
	酵母粉	6.8	978	69.7	28.6	1.7	4.8
JJH	对照	7.1	958	72.8	26.1	1.1	9.3
	葡萄糖	6.4	967	64.2	30.9	4.9	5.7
	酵母粉	6.9	953	72.1	26.5	1.4	5.4
复合菌	对照	6.9	917	71.5	27.1	1.4	4.9
	蔗糖	6.1	902	58.7	33.1	8.2	0.2
	酵母粉	6.8	948	69.2	29.0	1.8	1.9

微生物降解聚合物的化学机理可推断为：微生物通过酰胺酶水解—$CONH_2$，使 C—N 键断裂时，通常会出现少量—CHO、—C·O 自由基等不稳定中间产物，它们大部分会在酰胺酶作用下继续反应生成—COOH。但微生物在繁殖过程中还会产生一些活性酶或代谢产物，它们会攻击聚合物侧链上的不稳定中间体，导致 β 碳原子和 γ 碳原子之间的 C—C 键断裂，使碳链变短[86]。C—C 键断裂处则生成—CH_3和—COOH 等基团，形成新的稳定形态。另外，在反应前后没有出现新的官能团也可从侧面证明上述推论，如式（3-2）。

$$\left.\begin{matrix}-C_\gamma\\-C_\gamma\end{matrix}\right> C_\beta H-\overset{\overset{O}{\|}}{C_\alpha}-NH_2 \begin{matrix}\nearrow\ \left.\begin{matrix}-C\\-C\end{matrix}\right> CH-\overset{\overset{O}{\|}}{C}H \longrightarrow \left.\begin{matrix}-C\\-C\end{matrix}\right> CH-COOH \quad \text{主要产物}\\ \searrow\ \left.\begin{matrix}-C\\-C\end{matrix}\right> CH-\overset{\overset{O}{\|}}{C}\cdot \longrightarrow \begin{matrix}-C_\gamma H_3 \quad \text{和}\\ -C_\gamma H_2-C_\beta H_2-C_\alpha OOH\end{matrix} \quad \text{次要产物}\end{matrix}$$

（3-2）

各菌株在葡萄糖（蔗糖）聚合物培养基中培养后，聚合物酰胺链节含量明显减小，这表明聚合物酰胺基团中的氨基氮被大量利用，此时菌种生长所需氮源主要来自聚合物酰胺基团中的氨基氮。大量酰胺被菌种水解表明聚合物侧链出现不稳定基团的可能性明显增加，使聚合物碳链更易断裂，进而使其相对分子质量明显下降。而且，此时各培养基中聚合物酰胺链节含量均低于酵母粉培养基，这是因为糖类物质不含氮，菌种在快速生长时需要提高水解酶含量（或活性），以便从聚合物中摄取氮源。

在无机盐和酵母粉培养基中，各侧链基团含量的变化较小，这说明此时菌种不能充分利用聚合物的氨基氮为氮源。酵母粉体系同无机盐体系中聚合物的侧链结构相似，但前者的相对分子质量却明显低于后者。这可能是因为聚合物侧链结构的变化不是其碳链断裂的唯一原因，菌种通过释放某种代谢物或胞外酶对聚合物碳链不稳定基团的攻击，才是聚合物的分子链被破坏的直接原因。酵母粉的存在对菌种水解酰胺能力影响不大，但能直接作用于聚合物碳链的酶类或其他产物随菌种细胞浓度的增加而增加，导致聚合物相对分子质量仍有显著降低。和其他菌株相比，JJF在酵母粉培养基中繁殖时聚合物的酰胺链节含量最低。这说明酰胺酶是JJF的常规产物，即使环境中氮源物质含量充足，也会保持一定活性。

各菌株在酵母粉培养体系中发酵后，聚合物含量略有减少但不显著，这表明存在其他有机氮源物质时，菌种利用聚合物为营养源的效率很低。当无外源有机营养时，聚合物成为菌种的唯一营养源，所以对它的利用率有所提高。而存在有机碳源时，由于此时聚合物的小分子碳链明显增加，使菌种吸收聚合物更加容易，所以聚合物利用率有时甚至更高。复合菌由于降解聚合物的能力更强，所以它能吸收更多的聚合物供自身繁殖需要，最多可清除聚合物10%左右。

第三节　菌种降解活性成分的确定

一、细菌产物分离与活性测定

1. 细菌产物的分离

将降解菌接种100mL牛肉膏蛋白胨培养基培养48h后，分作A、B两份，制备下列降解菌产物：

（1）活菌对照。菌液A保留作为对照。

（2）胞外蛋白产物。菌液B经4000r/min离心30min除去菌体。离心液加硫酸铵使饱和度为10%，离心（12000r/min）分离沉淀蛋白。然后向离心液继续加入硫酸铵使饱和度为20%，分离蛋白，直至硫酸铵饱和度为100%。收集10%～100%共10个硫酸铵梯度的全部盐析产物，溶解于NaH_2PO_4/Na_2HPO_4缓冲液（pH值为7.0），为胞外蛋白产物。

（3）胞内蛋白。离心所获菌体以0.05M磷酸缓冲液（pH值为7.0）冲洗后，置于冰浴，用JY92II超声波细胞粉碎机探头处理7.5min，离心（10000r/min）除去细胞碎片，即得胞内蛋白。

（4）胞外非蛋白产物。以考马斯亮蓝法测定盐析除蛋白后的离心液在595nm下的吸光度，以未接菌牛肉膏蛋白胨培养基为对照，比较二者的OD_{595}。如对离心液样品任意三次测量的OD_{595}同对照相比均无显著差异，则可基本认为样品中不含大分子蛋白，此样品为胞外非蛋白产物。

2. 细菌产物活性的测定

将活菌液对照、离心液对照、胞内蛋白、胞外蛋白、胞外非蛋白产物加入聚合物溶液

（或将聚合物固体加入菌液、离心液）使总体积为20mL，反应48h后，测定聚合物的相对分子质量和水解度变化，以判断菌种各产物对聚合物的作用。实验所用聚合物的相对分子质量为18×10^6，水解度为25.2%，含水为7.4%～8.7%。

3. 电导滴定法测定聚合物水解度

（1）以不加聚合物样品的纯水为滴定对象做空白滴定，每滴定0.1mL，在搅拌后测定溶液的pH值，记录溶液pH值随HCl滴定体积的变化。一直滴定至溶液pH值低于3.0，尤其是pH值为3.0～4.0间的变化过程。

（2）计算样品溶液与空白溶液滴定至pH值为3.0～3.3间任一相同pH值处所需的滴定体积差，$\Delta V=V-V_0$。在pH值为3.0～3.3的选取对ΔV影响很小（属误差）。

（3）利用下式计算样品HPAM的质量水解度HD和摩尔水解度HD'。

$$HD=\frac{N_{HCl}\Delta V\times94}{m(1-\Phi)}$$
$$HD'=\frac{N_{HCl}\Delta V\times71}{m(1-\Phi)-23N_{HCl}\Delta V} \tag{3-3}$$

式中 m——聚丙烯酰胺干粉试样的质量，mg；

Φ——聚丙烯酰胺样品的含水率；

N_{HCl}——滴定液HCl的摩尔浓度，mol/L；

ΔV——HCl的滴定体积差。

二、菌种各产物降解能力的比较

表3-2所示结果可看出，各菌种细胞内物质均不能明显提高降黏率，也无法改变水解度。但其离心液有较强的降解能力，这证明细菌主要是靠分泌到细胞外的物质降解聚合物的。胞外产物和细菌细胞的共同作用，使得各菌液降解、水解聚合物的能力均略强于直接以菌种细胞接种无机盐聚合物培养基时的情况。以JJF的降解、水解能力增幅最大，这是因为与其他3株菌不同，该菌在全营养培养基中，没有聚合物存在的情况下也能产生有较强水解、降解活性的胞外产物。

表3-2　经菌种各产物处理后的聚合物相对分子质量及水解度

菌种	项目	菌液	胞内物质	离心液	胞外蛋白	除蛋白离心液
JHW-1	相对分子质量（$\times10^6$）	6.8	16.8	8.2	9.4	12.7
	水解度（%）	27.2	25.3	26.5	26.7	25.2
JHW-3	相对分子质量（$\times10^6$）	6.2	17.4	7.6	9.3	13.1
	水解度（%）	27.4	25.3	26.8	26.9	25.3
JJF	相对分子质量（$\times10^6$）	7.1	16.6	8.4	8.5	17.3
	水解度（%）	28.3	25.3	27.8	27.6	25.3
JJH	相对分子质量（$\times10^6$）	7.8	17.8	8.7	15.8	10.7
	水解度（%）	27.5	25.3	26.7	26.9	25.2
复合菌	相对分子质量（$\times10^6$）	4.2	16.1	6.6	8.0	11.0
	水解度（%）	28.1	25.4	27.4	27.5	25.3

JHW－1、JHW－3 胞外蛋白的降解活性和除细胞离心液相比略有降低；JJF 几乎没有差距；而 JJH 的胞外蛋白则基本没有降解活性。将蛋白除去后，JJF 的离心液活性几乎全部丧失，JHW－1、JHW－3 和 JJH 也丧失大部分部分活性。这说明 JHW－1、JHW－3 和 JJF 离心液中起降解作用的主要是蛋白类的降解酶；JJH 则主要是通过某类胞外非蛋白物质降解聚合物的，不过同水解酶共同作用时可适当提高降解活性；同时 JHW－1 和 JHW－3 也能产生具有降解功能的非蛋白物质。各菌株的除蛋白离心液几乎都不会改变聚合物的水解度，而 4 株菌种的胞外蛋白均可提高聚合物水解度，这证实菌种主要是靠其分泌的水解酶水解聚合物的。

由上述发现可以得出结论：JHW－1、JHW－3 和 JJF 主要靠胞外蛋白水解、分解聚合物，同时 JHW－1 和 JHW－3 的非蛋白胞外产物也会降解聚合物；JJH 主要通过非蛋白产物降解聚合物；各菌种的非蛋白产物均无水解能力。各组成菌的降解机理不尽相同，说明它们发挥降解作用时不会彼此冲突，能够互补。

三、营养物质对菌种胞外产物降解、水解活性的影响

在 100mL 基础聚合物培养基中，按照最适浓度添加酵母粉、蔗糖、$FeSO_4$、$MnSO_4$ 和后三者的组合，以无营养聚合物培养基和全营养培养基为对照，接入菌种培养 7d。将各培养液细胞浓度调整为 0.8×10^8 个/mL，从 20mL 培养液中提取胞外蛋白、非蛋白产物。将各类经提纯的蛋白组分加入 20mL 聚合物溶液，反应 48h 后，测定聚合物的相对分子质量和水解度的变化，以判断菌种单位细胞胞外蛋白组分的酶活性。

从表 3－3 看出，无论添加何种营养物质，各菌种的胞外蛋白和非蛋白产物降解、水解聚合物能力之间的大小关系彼此相近，均基本符合前一实验项目所得规律。

表 3－3　胞外产物对聚合物相对分子质量的影响　　$\times10^6$

菌　种	项　目	无营养	酵母粉	葡萄糖	蔗　糖	$FeSO_4$	$MnSO_4$	全营养
JHW－1	胞外酶	10.3	11.4	1.7	—	9.9	7.3	13.7
	非蛋白产物	15.4	13.7	14.8	—	13.8	15.2	14.2
JHW－3	胞外酶	10.1	11.8	—	1.3	9.7	7.9	14.1
	非蛋白产物	15.2	14.2	—	15.3	13.7	14.0	14.8
JJF	胞外酶	10.8	12.1	—	5.1	10.2	7.4	12.7
	非蛋白产物	17.3	17.1	—	17.1	17.6	17.6	17.3
JJH	胞外酶	15.7	16.2	14.8	—	15.3	16.1	16.8
	非蛋白产物	12.5	11.3	11.5	—	10.6	11.4	11.4
复合菌	胞外酶	8.4	10.7	—	1.0	8.5	6.7	12.7
	非蛋白产物	13.0	13.4	—	12.3	11.5	12.3	13.5

无聚合物全营养培养基中的胞外酶的降解活性最低，这表明降解酶需要其底物——聚合物的诱导才能大量产生。不过在含有聚合物的培养体系中，虽然完全营养物质（酵母粉）会使培养液的降解能力比无营养时提高，但其单位细胞降解酶的活性则较后者有所下降，说明只有当聚合物为营养源时聚合物的诱导作用才会体现出来。不过在微生物以聚合

物、全营养物质（或二者同时）为营养源时，非蛋白产物的降解性能彼此差别不大，这说明非蛋白产物的降解活性不依赖于聚合物的存在与否，只和菌种的生理状态有关。

葡萄糖（蔗糖）、$FeSO_4$、$MnSO_4$会提高单位细胞降解酶的活性。葡萄糖和蔗糖可使胞外酶的活性明显提高，而非蛋白产物的活性变化仍不大。因为糖类物质不会直接影响单个酶分子的活性，所以可能是它们的存在使菌种改变了胞外酶的构成，增大了某种关键组分的含量，进而提高酶活性。Fe^{2+}和Mn^{2+}是多种生物酶类辅酶所必需的物质，并且会促进微生物某些生理功能的发挥。其中$MnSO_4$对JHW－1、JHW－3和JJF胞外蛋白的降解活性的影响远大于$FeSO_4$，这两种金属离子对JJH的胞外蛋白无效，但Fe^{2+}会提高该菌非蛋白产物的降解活性。这表明前3株菌种的降解活性蛋白主要是以Mn^{2+}为活性中心或重要辅助因素的；而JJH则主要是通过吸收Fe^{2+}增强细胞的整体生命力，进而提高其胞外产物的降解活性。

能明显提高胞外酶活性的糖类物质和Mn^{2+}离子对胞外非蛋白产物的降解活性基本无效，只有Fe^{2+}离子能略微提高其降解活性。这说明细菌的非蛋白产物只同细胞的整体生理状态有关，基本不会受到外界营养成分构成的影响。

由表3－4可知，外来营养物质对菌种水解性能的影响同其对降解性能的影响特征也基本一致，只是$FeSO_4$和$MnSO_4$对各菌种的水解能力基本没有作用。这两种离子能直接提高胞外蛋白的降解活性却不能提高水解活性，说明活性直接受其影响的成分不是水解酶，而是另外一类对菌种降解活性有直接影响的蛋白。

表3－4　营养物质对胞外酶水解度的影响　　%

菌　种	无营养	酵母粉	葡萄糖	蔗　糖	$FeSO_4$	$MnSO_4$	全营养
JHW－1	26.4	25.6	29.3	—	26.4	27.0	25.6
JHW－3	26.2	25.7	—	29.2	26.4	26.2	25.5
JJF	26.4	26.1	—	28.8	26.1	26.1	25.6
JJH	26.8	26.8	29.6	—	27.0	26.3	26.1
复合菌	26.8	25.2	—	29.2	26.7	27.3	25.2

JJH胞外蛋白的水解活性不低于其他3株菌种，其在全营养培养基中的水解活性甚至明显超过其他菌种。它的非蛋白产物的降解活性也高于其他菌种，但唯独其胞外产物的整体降解活性最低。这说明菌种降解活性不是只由水解酶和非蛋白产物决定，还有一种蛋白成分起到重要作用。此外还说明JJH缺乏产生这种成分的能力。

四、菌种离心液中非蛋白还原性物质的测定

离心液虽经高温灭活，不过成分仍很复杂，不易精确分析，只能先对其进行化学方法定性。将各菌种接入全营养培养基培养48h，离心除去菌体，再将装有离心液的试管经80℃水浴20min灭活蛋白质，得到除蛋白离心液。在除蛋白离心液中加入10滴溴水和3滴硝酸银溶液，记录出现溴化银沉淀的时间。

结果发现JHW－1、JHW－3和JJH的除蛋白离心液出现沉淀的时间分别比普通培养基空白对照早2min、2min、3min左右（表3－5），证明离心液中存在还原性物质。将

二者的除蛋白离心液经溴水氧化 10min 后作用聚合物，结果发现其降解活性几乎完全丧失，这表明灭活离心液的降解活性主要是由所含的还原性物质产生的。JJH 胞外非蛋白产物的还原性比 JHW－1 和 JHW－3 更强，其降解活性也最强；而 JJF 几乎没有还原性，同时其降解活性也极低，这也证明二者直接相关。

表 3－5 各离心液出现沉淀的时间 min

项目	无营养	酵母粉	葡萄糖	蔗糖	全营养
对照	9	7	5	7	5
JHW－1	7	5	4	—	3
JHW－3	7	4	—	4.5	3
JJF	9	6	—	7	5
JJH	6	2.5	3	—	2
复合菌	7	4	—	4	2.5

菌种在聚合物培养基中生长时，会通过分解蔗糖等营养物或其他生理作用产生小分子还原性物质，它们会同聚合物中的氧化性杂质反应，引发氧化还原反应，产生大量自由基。这些自由基会攻击聚合物碳链上的“薄弱环节”，比如酰胺基团发生水解反应时产生的中间体，近而引起聚合物碳链发生一系列自由基连锁反应，导致其断裂。

将经过 7d 培养的聚合物——无机盐、蔗糖、酵母粉培养液除去聚合物后重复上述实验，测定各体系非蛋白产物的还原性。由结果可知，JHW－1、JHW－3 和 JJH 的蔗糖培养液的还原性比酵母粉培养液稍差，而无机盐培养液则最弱。这说明菌株浓度较大、生长旺盛时其胞外产物的还原性就更强，而培养体系缺乏有机营养源时会使菌种产生的还原性物质有所减少。

第四节 菌种离心液中蛋白组分的分析

一、菌种胞外蛋白的提取

将各菌种接种全营养培养基培养 48h，离心除去菌体，在剩余离心液中分别加入 0～100％饱和度的硫酸铵，使培养液中的蛋白析出。离心收集蛋白沉淀，检测其降解、水解活性。

1. DEAE—Sepharose CL－6B 凝胶过滤

将经盐析沉淀的蛋白质溶于适量的 Buffer A 中，置于经 Buffer B 平衡好的 DEAE—Sepharose CL－6B 凝胶柱（1.8cm×30cm）上，首先用 BufferA 缓冲液洗脱，然后用含 0～0.80mol/L NaCl 的 Buffer B 缓冲液洗脱，分管收集，流速为 1.0mL/min。测定 280nm 处的光吸收以确定蛋白质浓度，保留活性部分，装入透析袋，用蔗糖包埋浓缩至 3mL，以备进一步纯化。

2. Sephadex G－150 分子筛层析

将 3mL 浓缩的酯酶添加到经 Buffer B 平衡的 Sephad－ex G－150 柱（1.8cm×90cm）上过滤，缓冲液流速为 0.5mL/min，测定 A280 及酶活性，保留活性部分。

Buffer A：0.05M $NaH_2PO_4/NaHPO_4$缓冲液（pH 值为 7.0），含 5mmol/L β 巯基乙醇，1mmol/L EDTA，0.5mmol/L PMSF。

Buffer B：0.05M Tris－HCl 缓冲液（pH 值为 8.0），含 5mmol/L β 巯基乙醇，1mmol/L EDTA，0.5mmol/L PMSF。

3. 蛋白组分酶活性的测定

将各类经提纯的蛋白组分加入 30mL 聚合物无机盐溶液，反应 7d 后，以黏度法测定、计算聚合物的相对分子质量变化，判断降解酶活性；以电导滴定法测定聚合物的水解度，确定水解酶活性。

酶活性计算方法如下：

降解酶活性＝反应前聚合物相对分子质量÷反应后聚合物相对分子质量
水解酶活性＝反应后聚合物水解度－反应前聚合物水解度　　(3－4)

二、硫酸铵沉淀胞外蛋白

结果见图 3－1 至图 3－4。4 株菌种的胞外蛋白基本都在 50％～90％硫酸铵中沉淀，并保持高活性。而且，酶的水解活性变化趋势同降解活性大体一致，菌种所产具有降解、水解活性的胞外酶基本都在所得硫酸铵蛋白沉淀中。4 株菌经硫酸铵沉淀所得胞外蛋白的最高降解酶活性和水解酶活性分别为：JHW－1，5.3、3.4；JHW－3，5.1、3.3；JJF，5.7、3.1；JJH，1.7、3.8。

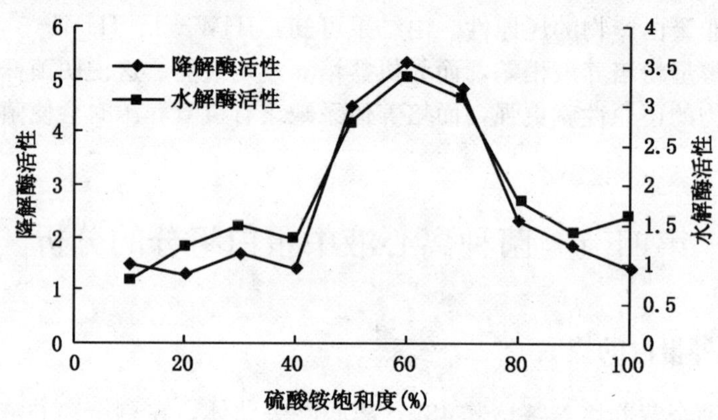

图 3－1　JHW－1 的胞外酶活性

三、胞外蛋白的层析分离和活性测定

对各菌胞外蛋白进行 DEAE 柱层析，结果如图 3－5 至图 3－8。

由试验结果发现，JHW－1 和 JHW－3 分别有 5 个峰和 4 个峰，其中 JHW－1 的 3 号峰（洗脱时间为 300min，命名为 JHW－1/300）和 JHW－3 的 2 号峰（JHW－3/290）检测出了降解活性和水解活性，其他峰无活性。但是它们的降解酶活性分别为 3.2 和 3.0，都明显低于分离前（5.3、5.1）；而水解酶活性分别为 2.9 和 3.1，接近分离前（3.4、3.3）。JJF 和 JJH 的细胞外蛋白分离后各有 3 个主峰，它们均无降解活性；但是 JJF 和 JJH 产生的 JJF/320 和 JJH/440 组分检测出了水解酶活性，分别为 2.8 和 3.3，同分离前差别不大（3.1、3.8）。4 种有水解活性的蛋白组分的纯度都不够，经 Sephade G－200

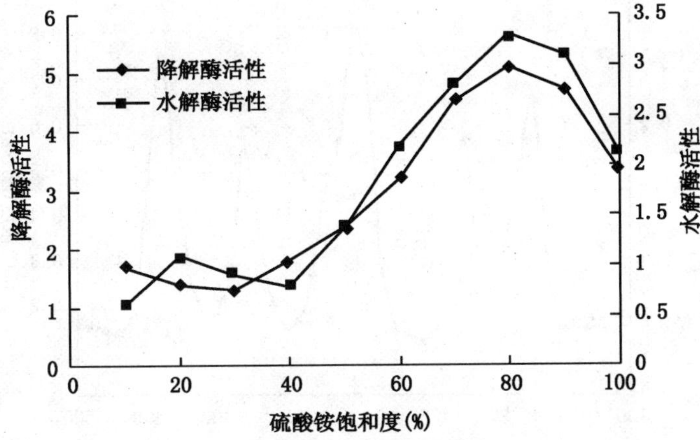

图 3-2　JHW-3 的胞外酶活性

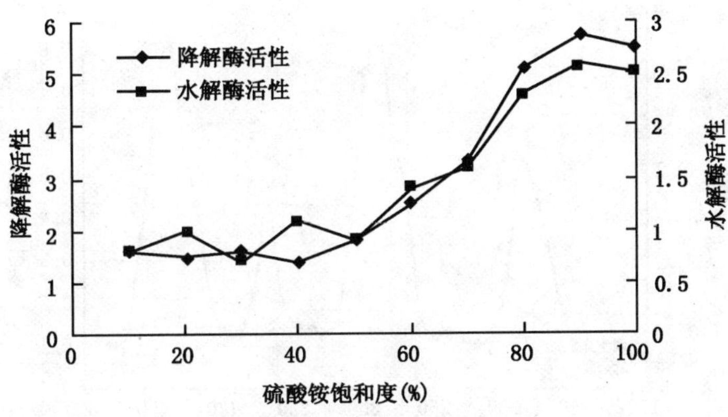

图 3-3　JJF 的胞外酶活性

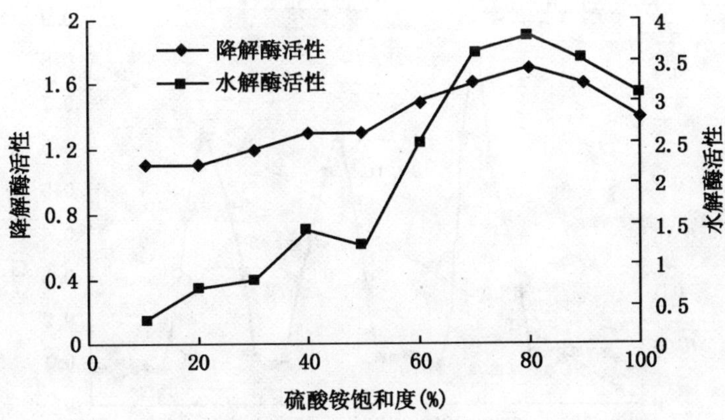

图 3-4　JJH 的胞外酶活性

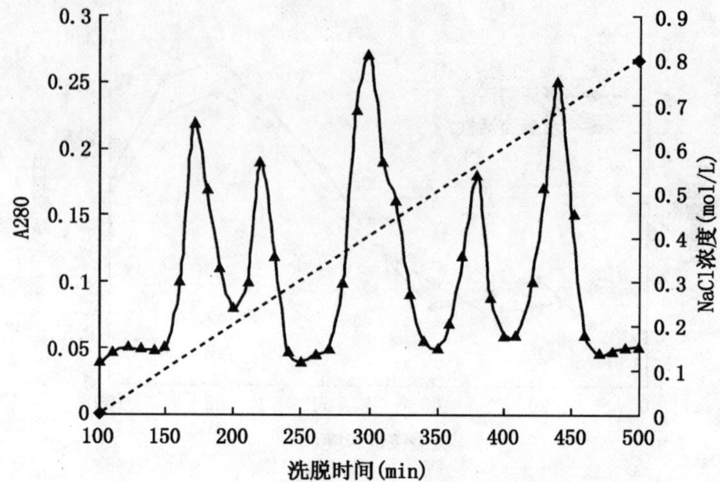

图 3-5 JHW-1 胞外蛋白的 DEAE 柱层析曲线图

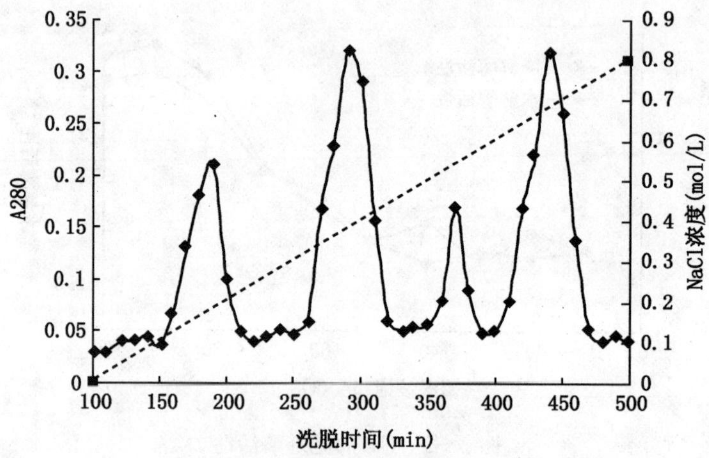

图 3-6 JHW-3 胞外蛋白的 DEAE 柱层析曲线图

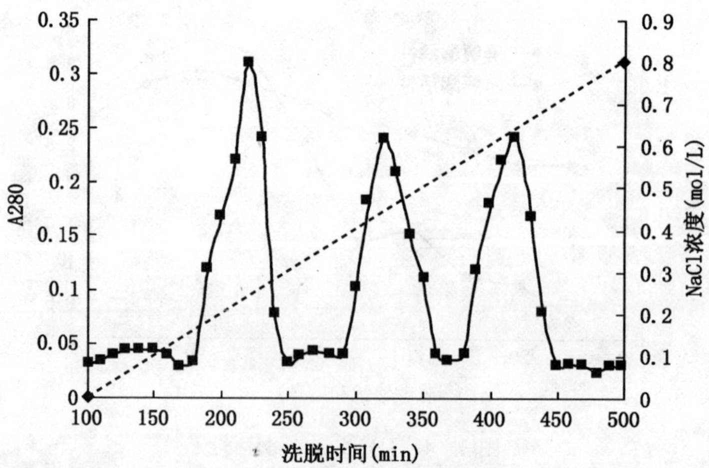

图 3-7 JJF 胞外蛋白的 DEAE 柱层析曲线图

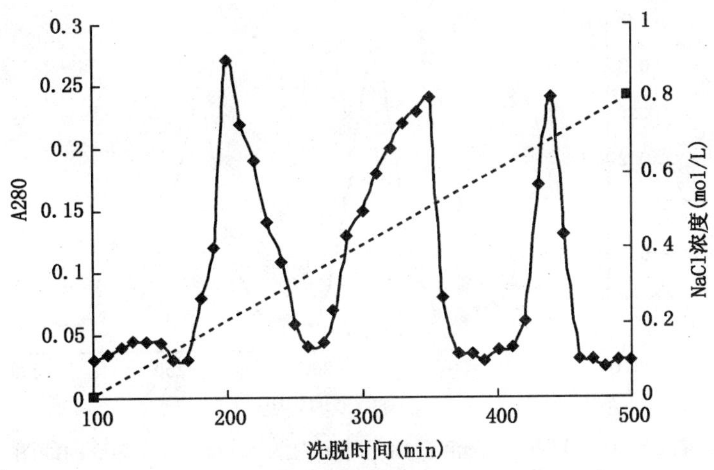

图 3-8　JJH 胞外蛋白的 DEAE 柱层析曲线图

凝胶过滤进一步分析，发现它们均由 3～4 种蛋白组成（见图 3-9 至图 3-12），这些组分单独作用聚合物时都没有降解活性。不过实验检测到 4 种菌的 JHW-1/300-360（在 Sephade G-200 上，洗脱时间为 360min）、JHW-3/290-240、JJF/320-160 和 JJH/440-260 号组分仍然具有较强的水解活性，而且活性近似于分离前，因此可以初步断定这 4 种酶为菌种的水解酶，活性、层析性质均不同，说明其化学结构存在生物学特异性。

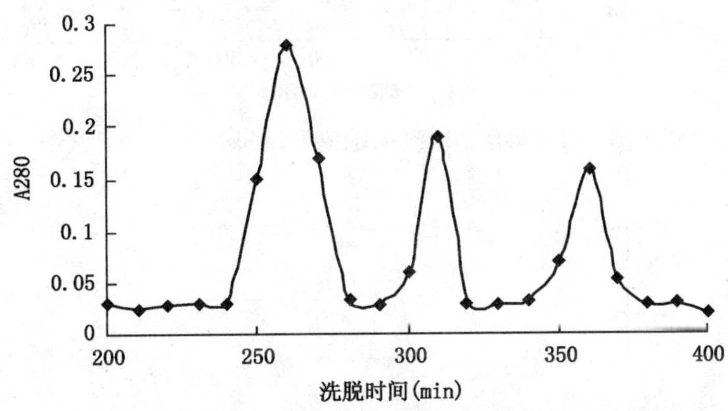

图 3-9　JHW-1 降解活性胞外蛋白的 Sephade G-200 曲线图

实验还发现，JHW-1、JHW-3 和 JJF 的水解酶均可同本菌株所产生的一种蛋白组分结合，产生降解聚合物的活性。JHW-1 的酰胺水解酶（JHW-1/300-360）同其所产生的 JHW-1/300-310 混合后，水解酶活性变化不大，而降解酶活性恢复到 3.8；JHW-3 的酰胺水解酶（JHW-3/290-240）同 JHW-3/290-270 组分混合，降解酶活性为 3.7；JJF 水解酶（JJF/320-160）同 JJF/420 混合后降解酶活性升至 3.3；JJH 的水解酶（JJH/440-260）无论同本菌株产生的哪种组分混合都不会提高降解活性。由此可知，JHW-1/300-310 组分、JHW-3/290-270 组分、JJF/420 组分蛋白（起作用的是其 JJF/420-280 组分）能够同本菌株产生水解酶共同作用降解聚合物，这些蛋白组分会

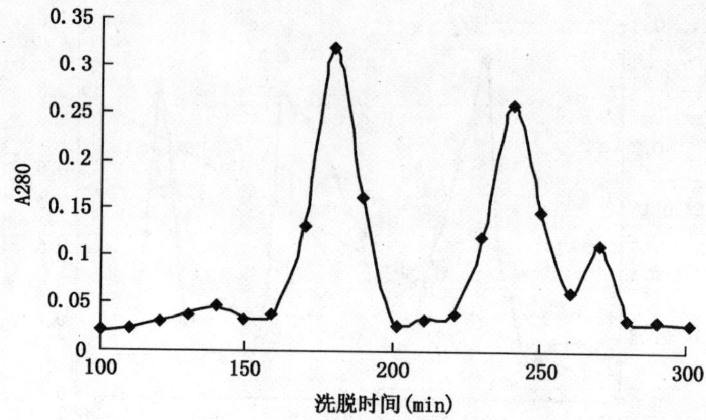

图 3－10　JHW－3 降解活性胞外蛋白的 Sephade G－200 曲线图

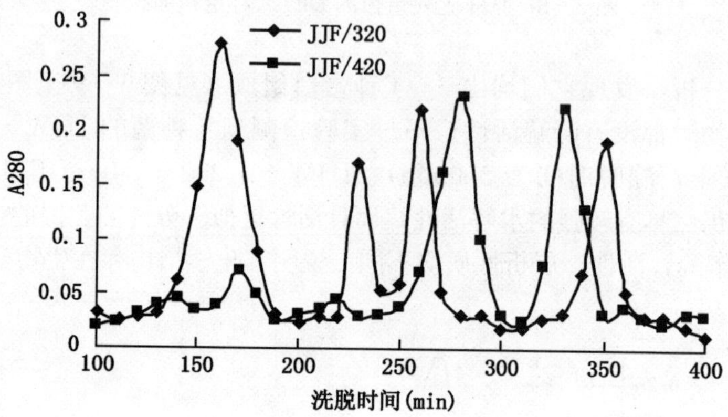

图 3－11　JJF 降解活性胞外蛋白的 Sephade G－200 曲线图

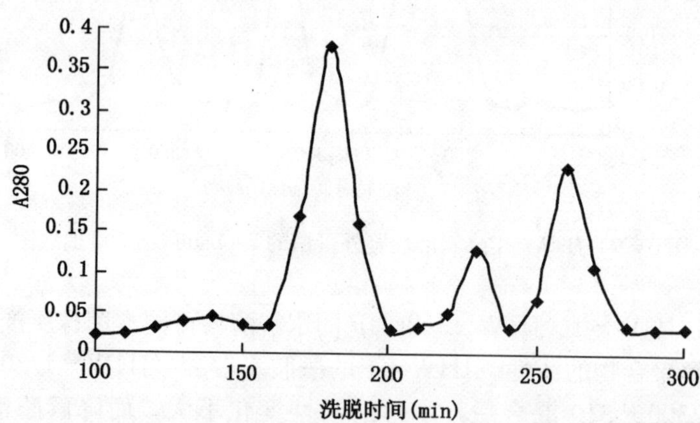

图 3－12　JJH 降解活性胞外蛋白的 Sephade G－200 曲线图

通过某种生化作用攻击水解酶作用于聚合物碳链的位点，使其发生断裂。但是，如果将某种水解酶同其他菌种所产生的辅助组分混合，均无法产生降解活性。这表明具有降解活性的两种蛋白组分不是简单地分别作用于聚合物，而是根据其结构特征彼此结合，然后攻击聚合物碳链上的同一基团，从而大大提高降解效率。而不同菌种产生的活性蛋白彼此无法有效结合，所以不能降解聚合物。

经本书研究所发现的上述现象说明，菌种起降解作用的不是单一的酶，而是一个复杂的酶系，只有几种酶蛋白组合起来才能发挥降解作用。各个组分由于各自的化学特性能够彼此松散的结合，共同作用于聚合物，但是离子层析和凝胶过滤等蛋白分离过程会破坏这种结合作用，重新混合也难以完全恢复，致使各组分重新混合后降解活性低于分离前。

将各菌种的水解酶同其非蛋白胞外产物混合同样可以部分恢复其降解活性，JHW－1、JHW－3 和 JJH 所产生水解酶同其非蛋白产物共同作用于聚合物，其降解酶活性分别为 1.8、1.7、2.1。这证实了聚合物经水解酶作用后，更易于受到菌种产生的还原性物质的攻击而降解。而如果将 JHW－1、JHW－3 所产的水解酶同 JJH 所产生的非蛋白产物混合，仍具有降解酶活性，分别为 2.3 和 2.2。这说明胞外非蛋白产物的作用是非特异性的，水解酶和胞外非蛋白物质可分别作用于聚合物碳链并使其断裂。

四、其他营养物质对活性组分的影响

对经过 7d 培养的聚合物——无机盐、蔗糖（葡萄糖）培养液重复上述实验，检测各培养液中胞外蛋白的活性。DEAE 柱层析后的曲线如图 3－13 至图 3－16，Sephade G－200 曲线图如图 3－17 至图 3－20。

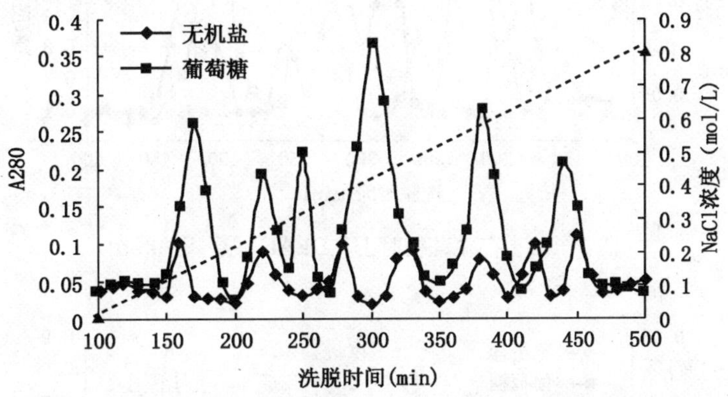

图 3－13　存在葡萄糖时 JHW－1 DEAE 柱层析曲线图

结果发现 JHW－1 的蛋白产物经硫酸铵沉淀后的酶活性，以及 DEAE 柱层析后的曲线同在全营养培养基培养时相比有较大差异。说明当培养体系改变时，菌种胞外蛋白的种类和产量会有很大变化。在无机盐培养基中，胞外蛋白经沉淀后的降解酶活性为 2.1，水解酶活性为 1.6；各蛋白组分含量明显减少，但是种类却有所增加。有水解酶活性的仍是 JHW－1/300 组分，不过它和其他任何组分混合后的降解酶活性都小于 1.3。

在葡萄糖培养基中，经硫酸铵沉淀所得胞外蛋白的最高降解酶活性和水解酶活性分别为 11.3 和 5.4。柱层析曲线上唯一有降解活性的 JHW－1/300 的含量有一定程度升高，其水解酶活性由 3.4 增至 5.1，降解酶活性由 3.8 升至 4.7。洗脱时间为 380min 的 JHW－1/380 含量有显著提高，并且增加 1 个组分（JHW－1/250）。通过实验发现，将 JHW－1/380 无降解活性组分同 JHW－1/300 成分混合后，其酶活性比单独使用 JHW－1/300 明显提

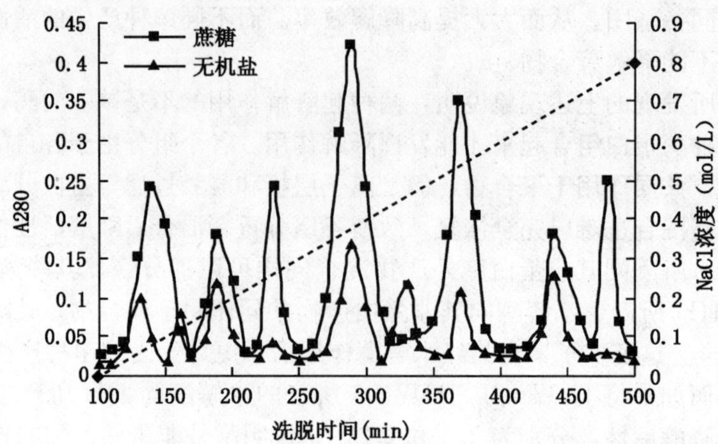

图 3-14　存在蔗糖时 JHW-3 DEAE 柱层析曲线图

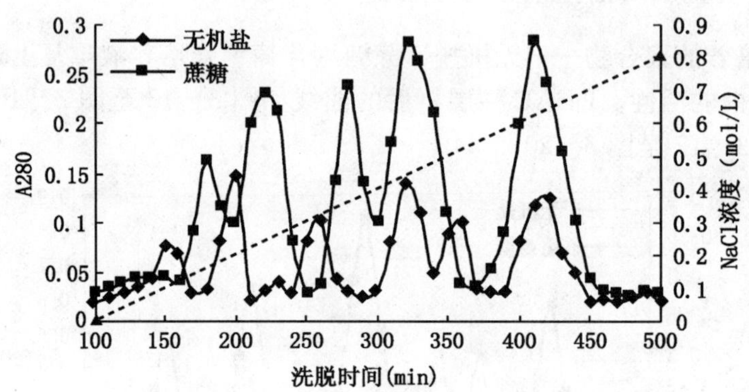

图 3-15　存在蔗糖时 JJF DEAE 柱层析曲线图

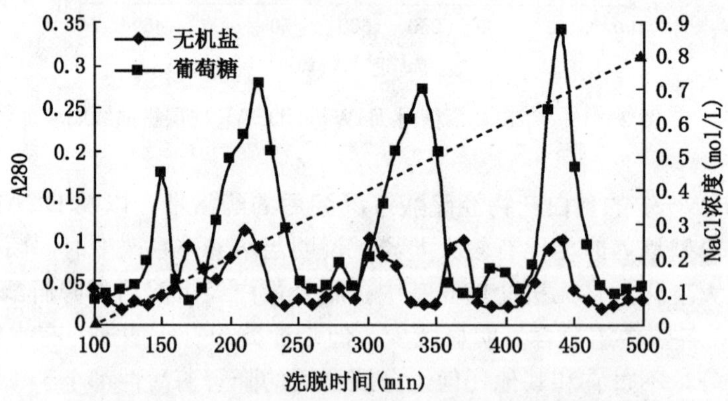

图 3-16　存在葡萄糖时 JJH DEAE 柱层析曲线图

高，达到 6.4，表明该组分可能对降解活性提高起关键作用。经 Sephade G-200 分子筛层析判断，其由两种蛋白构成，但只是其中一种有提高降解活性的作用（JHW-1/380-320 组分）。

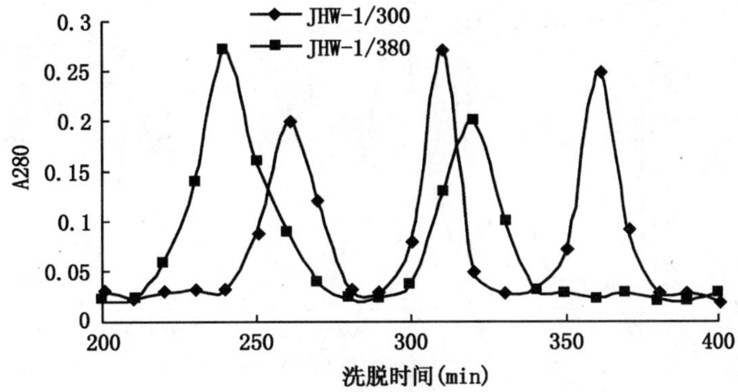

图 3－17　JHW－1 降解活性胞外蛋白的 Sephade G－200 曲线图

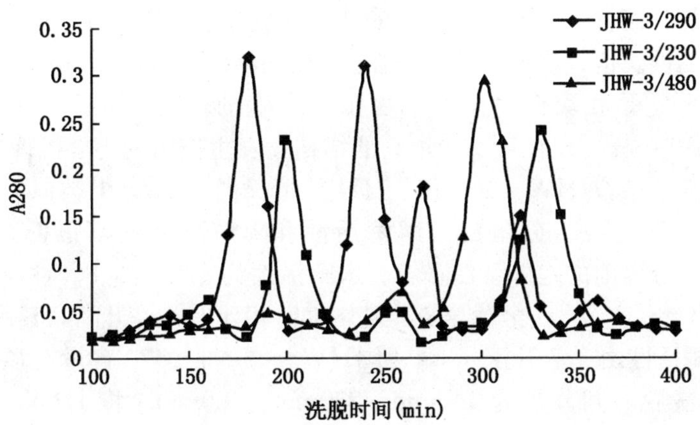

图 3－18　JHW－3 降解活性胞外蛋白的 Sephade G－200 曲线图

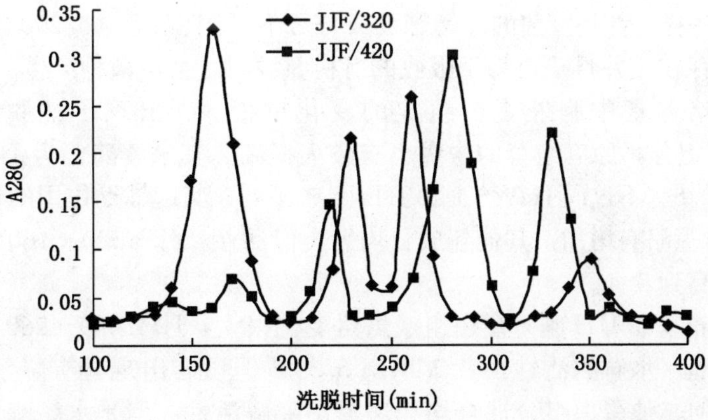

图 3－19　JJF 降解活性胞外蛋白的 Sephade G－200 曲线图

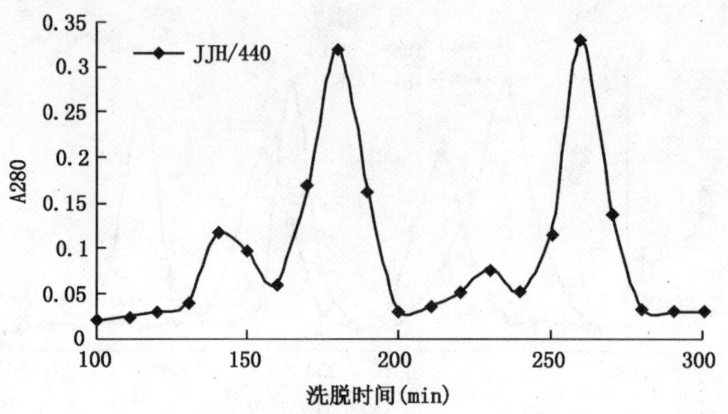

图 3-20　JJH 降解活性胞外蛋白的 Sephade G-200 曲线图

由上述实验可知，当 JHW-1 以葡萄糖为碳源、聚合物为氮源进行繁殖时，不但其水解酶活性会增加，而且还会产生一种新的辅助性成分（JHW-1/380-320），能明显提高菌种的降解酶活性。但是该辅助性成分在菌种以全营养培养基培养时含量较小，并且没有辅助活性，说明它是在聚合物诱导下由菌种产生的。同菌种原有的辅助性成分——JHW-1/300-310 一样，现在还不知道它的结构，发生作用的化学机理也待研究。

在无机盐培养基中，JHW-3、JJF、JJH 的情况同 JHW-1 类似：各蛋白组分含量减少，种类增加，而且各组分蛋白水解酶活性和降解酶活性都很低。蔗糖培养基中，JHW-3 菌柱层析分离前的胞外蛋白降解、水解活性为 12.1、5.8。柱层析曲线上唯一有降解活性的 JHW-3/290 同在全营养培养基培养时相比有些许升高，其水解酶活性由 3.3 增至 4.6，降解酶活性由 3.7 升至 4.6。而 JHW-3/290-370 含量有显著提高；并且增加 3 个组分，其洗脱时间分别为 140min、230min、480min。将 JHW-3/230、JHW-3/480等无降解活性组分同 JHW-3/290 成分混合后，其酶活性较单独使用 JHW-3/290 有明显提高，达到 7.2，表明这两种成分可能对降解活性提高起关键作用。经 Sephade G-200 分子筛层析判断，前者由两种组分构成，但只是其中一种（JHW-3/230-200）有提高降解活性的作用；后者是单一的蛋白组分（JHW-3/480-300）。这两种成分同 JHW-3/290-270 组分一样，都是该菌的降解辅助成分。不过同 JHW-3/290-270 不同，此二者需要有聚合物存在，并且缺乏易于吸收的有机氮源时才会由菌种产生。

JJF 在蔗糖培养基中胞外蛋白组成的变化也很大，出现了洗脱时间为 180min、280min 的两个新组分，原有组分的含量也有较大提高。其水解酶仍为 JJF/320-160，酶活性由 2.6 增至 3.8。不过同 JHW-1 和 JHW-3 不同，其起辅助作用的仍然是 JJF/420-280 组分，只是含量略有增加，其他新成分均无类似活性，JJF/320-160 与其混合后降解酶活性由 3.3 提高到 5.4。

在葡萄糖培养基中 JJH 胞外蛋白组成虽然变化很大，JJH/440-260 的水解酶含量和活性也有明显提高（水解酶活性由 3.3 增至 5.3），但没有出现具有降解酶活性的组分，而且水解酶和任何其他蛋白组分混合均无法提高降解活性。但是水解酶同 JJH 所产非蛋白产物混合后，降解活性可由 2.1 升至 2.7，说明 JJH 水解酶的水解活性同菌株的降解能力正相关。

第五节 聚合物微生物降解机理的总结和推论

一、微生物降解聚合物生物机理的总结

4 株聚合物降解菌对聚合物的生物降解过程有以下特征。

1. JHW-1 和 JHW-3

JHW-1 和 JHW-3 特点类似：在全营养培养基中，细胞产生的胞外蛋白的水解活性和降解活性都很强。其中，具有水解活性的蛋白组分为 JHW-1/300-360 和 JHW-3/290-240，它们分别同本菌株产生的 JHW-1/300-310、JHW-3/290-270 混合会产生降解活性，但后两者单独存在时不能降解聚合物。Mn^{2+} 离子可提高胞外蛋白的降解活性，但对水解活性无效，其原因可能是 Mn^{2+} 离子会提高 JHW-1/300-310 和 JHW-3/290-270 组分的辅助活性。

当以聚合物和蔗糖（葡萄糖）为有机营养源时，JHW-1 和 JHW-3 原有的 JHW-1/300-360 和 JHW-3/290-240 组分会增加，并且会产生新的辅助性组分 JHW-1/380-320、JHW-3/230-200、JHW-3/480-300，它们同本菌产生的有降解活性的蛋白混合组分——JHW-1/300、JHW-3/290 混合后会进一步提高降解活性。

JHW-1 和 JHW-3 产生的胞外非蛋白物质也有一定的降解能力，其降解能力同还原性有关。而且它们同水解酶 JHW-1/300-360 和 JHW-3/290-240 混合后，可进一步提高降解能力。

2. JJF

JJF 在全营养培养基中培养时产生的 JJF/320-160 具有水解活性，将其同同等条件下产生的 JJF/420-280 混合后体系将具有降解活性，活性不比 JHW-1 和 JHW-3 差。不过当以聚合物和蔗糖为营养源时，其降解、水解活性虽有一定提高，但没有产生其他辅助性成分，活性提高幅度也不如 JHW-1 和 JHW-3。其非蛋白产物几乎没有降解活性，也没有还原性。

3. JJH

JJH 菌株产生的胞外蛋白没有降解活性，只有水解活性，其水解活性蛋白组分为 JJH/440-260。在聚合物葡萄糖培养基培养时，其水解能力得到提高并超过其他聚合物降解菌株。但无论何种情况下，细胞都不会产生具有降解辅助活性的蛋白成分。非蛋白产物的还原性及降解活性很强，Fe^{2+} 可提高其降解活性。

此外，各株降解菌的共同特征还有：各菌株产生的降解辅助性蛋白成分只能同本菌株产生的水解酶结合才能具有降解活性；非蛋白产物均无水解活性；非蛋白产物同任意菌株的水解酶混合都能增强降解活性。

二、微生物降解聚合物生物机理的推测

由以上表述可推断出微生物降解聚合物的生物机理应为：微生物在正常条件下（无聚合物，存在有机营养源）能够产生具有水解聚合物侧链氨基氮功能的水解酶，它无法单独降解聚合物。不过降解菌还能产生一种辅助性蛋白组分，它们同水解酶共同作用于聚合物

时可使聚合物降解，Mn^{2+} 可能会提高其活性。其辅助性蛋白的作用原理可能是：它会攻击聚合物酰胺侧链被水解酶作用后产生的不稳定基团，使聚合物主链断裂。如果菌种以聚合物为氮源、以糖类物质为碳源进行繁殖，不但水解酶的含量和酶活性会明显提高，而且还会使其他具有降解辅助功能的蛋白组分含量提高，进而大大提高降解活性。这些辅助性蛋白组分会同本菌株产生的水解酶结合，共同攻击聚合物的侧链并导致主链断裂。菌种还会产生具有还原性的非蛋白产物，它能通过诱发氧化还原反应少量降解聚合物，不过当聚合物经水解酶水解后，非蛋白产物的降解效果会明显提高。

各株降解菌的活性不同，除了其水解酶、辅助性蛋白、非蛋白产物的活性、还原性不同以外，还与菌种胞外产物的构成有关。如，同 JHW－1、JHW－3 相比，JJF 不会产生还原性非蛋白产物，并且在以聚合物和糖类物质为营养源时不会产生其他辅助性成分提高降解活性；而 JJH 则不产生任何蛋白类辅助性成分，所以其胞外蛋白几乎没有降解活性。

此外，通过研究各株降解菌降解机理的不同，还可大致推断出 4 株降解菌组成复合菌后降解性能增强的原因：4 株菌通过水解酶水解聚合物的酰胺侧链使其产生不稳定基团，它们除了自发转变为稳定官能团（如羧酸基团）以外，大部分受到 JHW－1、JHW－3 以及 JJF 产生的胞外蛋白攻击而导致聚合物主链断裂。还有小部分则由于 JJH 和 JHW－1、JHW－3 产生的还原性非蛋白产物引发的氧化还原反应而受到自由基攻击，使聚合物主链继续断裂。JHW－1 和 JHW－3 产生的胞外非蛋白产物含量较少，JJF 则没有此性能，所以 JJH 产生的大量非蛋白产物就对聚合物的生物降解形成了有效的补充。这使得菌种能够以不同的方式降解聚合物，进而产生“1＋1＞1”的效果。

第六节　小　结

（1）聚合物被微生物降解后，酰胺基团被大量水解，产生羧酸以及羧酸根基团，该过程可能是导致聚合物主链断裂的一个因素。蔗糖存在时，菌种能大量消耗聚合物酰胺基中的氮源，提高其水解度。而当只有酵母粉存在或未添加有机营养物时上述变化均不明显。

（2）4 株降解菌基本都是靠其产生的胞外产物降解聚合物，其中 JHW－1 和 JHW－3 主要凭借其胞外蛋白降解、水解聚合物；其非蛋白产物也有一定降解能力，但没有水解性能。JJF 的非蛋白产物没有降解能力；JJH 的胞外蛋白不能降解聚合物，但水解能力较强。各菌株胞外蛋白的活性受外界营养成分的影响较大，当微生物以聚合物和糖类物质为营养源时，其降解活性和水解活性会显著增强。

（3）JHW－1、JHW－3 和 JJH 产生的非蛋白产物具有还原性，其中 JJH 产物的还原性和降解性最强。它们能促发自由基氧化还原反应，进而导致聚合物碳链断裂，但它们不能水解聚合物。外来有机营养物的种类对该活性的影响较小。

（4）4 株降解菌都能产生水解酶水解聚合物，JHW－1、JHW－3 和 JJF 还能产生一种或几种降解辅助蛋白组分，它们同水解酶共同作用于聚合物时可将聚合物降解。如果以聚合物和糖类物质为营养源，JHW－1 和 JHW－3 还能产生新的辅助蛋白组分进一步提高降解性能，不过 JJF 在此情况下没有新的活性成分产生。JJH 任何情况下都不能产生辅助性组分，所以其胞外蛋白没有降解活性。

第四章 表面活性剂代谢菌的筛选与活性测定

第一节 驱油用表面活性剂代谢菌的一般特点

用于MEOR的菌种有很多种，最常见的就是利用原油为碳源，产生表面活性剂的菌种，其驱油机理为：①微生物的生长代谢可以将原油中的重质组分分解为轻质组分，将大分子的烃类转化为低相对分子质量的烃，从而降低原油黏度，使其流动性能得到改善；②微生物的生长代谢能促使原油释放出低相对分子质量的醇、脂肪酸、糖脂、生物表面活性剂等，降低油水界面张力，改善原油的流动性能；③微生物细胞或代谢产物能使储层表面润湿性反转，改变流动性能。

一、筛选产生生物表面活性剂的菌种

菌种生长在水不溶的物质中，如石油烃、聚苯乙烯、橄榄油、煤油、甲苯、凡士林、二甲苯，并以它们为食物源。可以提高采收率的生物表面活性剂，多数是从被原油污染的土壤、海水、地表废水中分离出来的。这些微生物能有效地降解脂肪族和芳香族的烃类化合物，它们利用这些化合物，在微生物细胞和烃类接触的界面上产生生物表面活性剂。常用的产生生物表面活性剂的菌种主要有：裂烃棒杆菌、枯草杆菌、地衣杆菌、假单胞菌、乙酰丁醇梭状芽孢杆菌等。

二、生物表面活性剂的功用

注入到油层中的微生物可以通过自身的代谢作用产生生物表面活性剂，它可以通过降低油水界面张力、乳化原油、改变润湿性等作用提高采收率。

此外，在微生物降解原油的过程中，生物表面活性剂也起到了非常重要的作用。石油是一种由烷烃、芳烃、沥青焦质和脂肪物质组成的复杂混合物，这些物质都有生物可降解性，而石油在水中的溶解度非常小。生物表面活性剂可以促使烃类物质乳化、分散，并改变细胞表面的疏水性，达到加强微生物与烃类物质间的亲和力，同时也起到促使烃类物质扩散进入细胞的作用，从而强化微生物对石油污染物的降解。

三、生物表面活性剂的特点

生物表面活性剂是指有严格的亲水基团和疏水基团，由微生物产生的化学物质。这种微生物生长在水不溶的物质中并以它为食物源，它们能吸收、乳化、润湿、分散、溶解水不溶的物质。生物表面活性剂和化学表面活性剂一样具有驱油能力，而且生物表面活性剂还具有如下特点：

(1) 水溶性好，在油水界面有高的表面活性；

(2) 在含油岩石表面润湿性好，具有很强的乳化原油的能力；

(3) 固体吸附量小；

(4) 反应的产物均一，可引进新类型的化学基团；

(5) 生物表面活性剂无毒、安全；

(6) 生物表面活性剂生产工艺简单，在常温、常压下即可发生反应。

研究表明，生物表面活性剂的驱油效率比人工合成的表面活性剂的驱油效率高3.5～8倍，而价格却为人工合成的表面活性剂的30%。通常生产生物表面活性剂的成本有2/3以上由产品分离、纯化过程产生，而对于生物驱油来说，由于对最终产品的纯度要求不高，所以其成本可以进一步降低。

目前，生物表面活性剂主要有4类，分别是糖脂类、磷脂类、脂蛋白或缩氨酸脂和聚合物类。大多数生物表面活性剂是糖脂，其他的像缩氨酸脂、脂蛋白和磷脂的结构更复杂。性能优良的驱油表面活性剂应具有如下特点：①活性剂应在水和原油中都有一定的溶解度；②在界面形成稳定的油/水乳状液；③在低浓度下形成较低的界面张力。目前所见的报道，单独的生物表面活性剂使十六碳烷达到的最低界面张力是0.016mN/m。由于生物表面活性剂具有乳化原油的能力，还可以用作原油污染区域的清除剂。

第二节　表面活性剂代谢菌的性能测定

一、实验材料与仪器

1. 实验材料

原油；NaCl（A.R.，分析纯），$(NH_4)_2SO_4$（A.R.），$MgSO_4 \cdot 7H_2O$（A.R.），KH_2PO_4（A.R.），$K_2HPO_4 \cdot 3H_2O$（A.R.），$NaNO_3$（A.R.），蛋白胨，酵母膏，Na_2S（A.R.），$NaHCO_3$（A.R.），三聚磷酸钠（A.R.），Na_2EDTA（A.R.），NH_4Cl（A.R.）等。

2. 实验仪器

光学显微镜（Nikon，Olympus）；

高压蒸汽灭菌锅LD—B50L型（上海医用核子仪器厂）；

离心机（型号L×J－II，上海医用分析仪器厂）；

气相色谱仪（美国惠普，HP589011）；

旋片式真空泵Z×－4型（沈阳真空泵厂）；

鼓风干燥箱LC－212型（上海爱司佩克环境仪器有限公司）；

袖珍pH计F－20型（北京屹源电子科技仪器公司）；

界面张力仪K10ST型（KrossGmbh，Germany）；

黏度测定仪（Broolfield Digital Viscometer）。

3. 培养基配方

(1) 基础无机盐溶液：参照胡浩的方法，用0.5%的NaCl，0.1%的$(NH_4)_2SO_4$，0.025%的$MgSO_4 \cdot 7H_2O$，0.5%的KH_2PO_4，1.0%的$K_2HPO_4 \cdot 3H_2O$，0.2%的$NaNO_3$，再加1000mL蒸馏水配制而成。

(2) 以原油为碳源的液体培养基：于50mL厌氧培养瓶中加入酵母膏0.1%、原油0.2g，分装无机盐溶液10mL，120℃蒸汽灭菌20min，然后用无菌注射器注入灭完菌

0.2mL 2.0%的 Tween 溶液和 0.2mL1.0% Na_2S 和 $NaHCO_3$ 溶液。

(3) 全营养培养基：0.3%牛肉膏、1.0%蛋白胨、0.5%葡萄糖、0.2 硫酸镁，加水至 1000mL，调 pH 值为 7.0～7.2，灭菌 20min。

二、菌种开发路线

1. 菌种来源

菌种编号 T11，分离自大庆油田有限责任公司采油三厂的产出液，为地层中的原生微生物，现保存于采油三厂中心化验室。

2. 菌种特征和鉴定结果

T11 能以原油为碳源生长，并能代谢表面活性剂的细菌。平板划线获得的菌落形态为放射状，菌体大小为（0.4～1.0）μm×(1.9～6.5) μm，杆状，革兰氏染色为阳性，运动。菌种属于地衣芽孢杆菌属 *Bacillus licheniformis*。

三、T11 所产生物表面活性剂的定性

1. 表面活性剂样品的提取

以 T11 接种 500mL 全营养培养基培养 48h，将发酵液过滤、离心除菌后，用 10% H_2SO_4 调发酵液 pH 值为 6.0，分两次加入 1 L 体积的氯仿/甲醇（体积比为 2∶1）混合溶剂，磁力搅拌 1h，分液漏斗萃取分液，合并有机相，水洗，在 55℃下用 K－D 浓缩仪减压蒸馏除溶剂，得粗产物。

2. 生物表面活性剂的初步鉴定

将提取的表面活性剂样品配成一定的浓度，取 2mL 加入一支 10mL 的比色管，再加入 1mL 5%的苯酚水溶液，然后将 5mL 浓硫酸迅速垂直加入比色管中，室温静置 10min，在 30℃水浴中反应 20min，摇匀。以培养基为参比，在 UV－160 上扫最大吸收峰。图 4－1 所示结果表明，T11 菌所产表面活性剂在 480 nm 处有最大吸收峰，可基本确定样品为鼠李糖脂类表面活性剂。

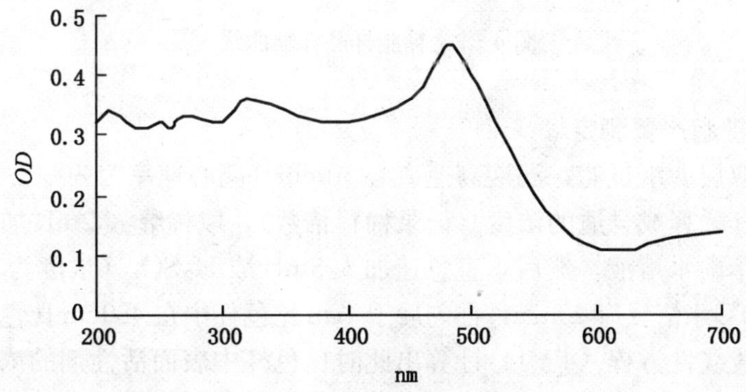

图 4－1　样品糖脂 UV 扫描图

四、表面活性剂定量分析测定

在硫酸作用下，糖脂的脱水产物能够与苯酚形成一种有色复合物，该有色复合物在一

定浓度范围内与其吸光度成正比，基于此，来定量糖脂。

1. 标准曲线绘制

精确称量糖脂样品 20mg，加少许水溶解后，用蒸馏水将其定容至 50mL，此母液浓度为 400mg/L。浓硫酸应迅速垂直加入比色管中，以使反应更加充分。

具体步骤为：

（1）取母液 0mL、0.2mL、0.4mL、0.6mL、0.8mL、1.0mL、1.2mL、1.4mL、1.6mL、1.8mL、2.0mL 于 11 个比色管中，再分别加入 2.0mL、1.8mL、1.6mL、1.4mL、1.2mL、1.0mL、0.8mL、0.6mL、0.4mL、0.2mL、0mL 的蒸馏水，将其稀释成不同的浓度。

（2）分别加入 1mL 5%的苯酚水溶液。

（3）垂直加入 5mL 浓硫酸（尽量不要沿管壁流下，为使反应更加充分）。

（4）室温静止 10min。

（5）30℃水浴反应 20min，摇匀后于 1cm 光径比色杯中在 480nm 处比色，记录 *OD* 值。

标准曲线如图 4－2 所示，标准曲线线性方程为：

$$OD = 0.0082 \times C \qquad (4-1)$$

式中　*C*——比色杯中糖脂表面活性剂的浓度。

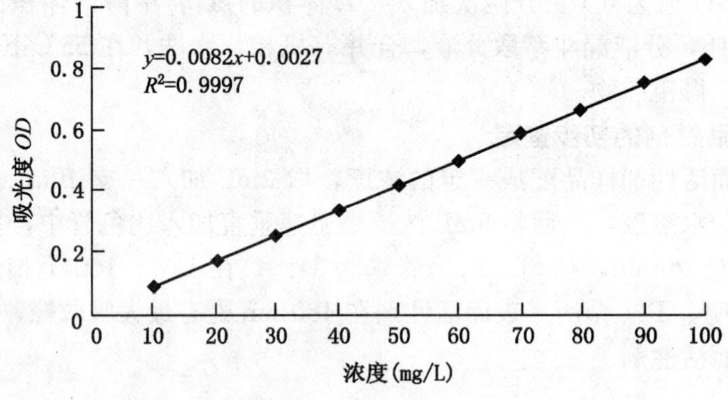

图 4－2　糖脂样品标准曲线

2. 发酵液中糖脂产量测定

将发酵液用双层滤纸过滤，滤液高速离心 30min（离心速率为 8000～9000r/min），取离心上清液并将其稀释成合适的浓度（记录稀释倍数），取稀释液 2mL 加入比色管中，再加入 1mL 5%的苯酚水溶液，然后垂直急速加入 5mL 浓 H_2SO_4（浓度为 1.84g/mL），室温静置 10min，30℃水浴反应 20min，摇匀后于 1cm 比色杯中在 480nm 比色，读取 *OD* 值。

根据标准曲线线性方程（4－1）计算出此时比色杯中表面活性剂的浓度，然后再换算出发酵液中表面活性剂的总浓度。

五、环境因素对菌种的影响

1. 温度、pH 值、矿化度对菌种生长情况的影响

将 T11 接入全营养培养基，分别在不同温度、pH 值、矿化度培养 48h，测定菌株浓度。菌株浓度的检测用分光光度法（比浊法），因为菌株浓度同其在 660nm 波长处的光吸收值成正比，所以根据 OD_{660} 即可推算出菌株浓度，结果如图 4－3。

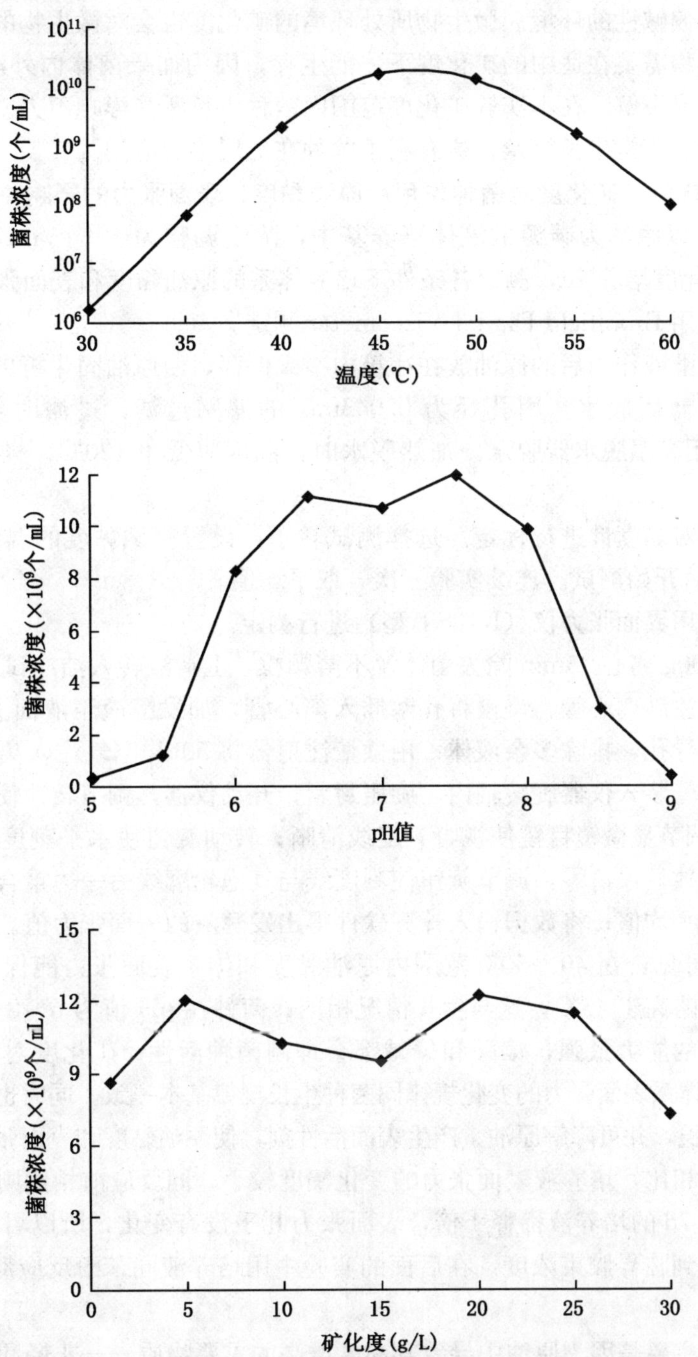

图 4－3　最适合生长条件件的比较

温度对微生物的生长影响最大，因为不同温度下细菌细胞内酶可能相差几个数量级。由图 4－3 可知，T11 在 40～55℃范围内生长良好，菌株浓度在 5×10^9个/mL 以上，最适合生长温度大约为47℃。多数微生物需要适中的 pH 环境，偏酸或偏碱都会使细菌酶活性下降。T11 的最适合 pH 值范围是 6～8，pH 值达到 5 和 9 时菌种生长明显受限，相对来说菌种更适应偏碱性的环境。微生物所处环境的矿化度也会对微生物的代谢活动产生影响，大多数微生物需要在适中的矿化度下才能生存，因为如果菌体内外渗透压相差太大，就会使菌体收缩或裂解。在本实验矿化度范围内菌种生长所受影响不大。总的来看，菌种在油藏条件下能够正常生长繁殖，这有利于菌种在油层中的应用。

2. 温度、pH 值、矿化度对菌种作用后原油黏度、表面张力的影响

将 T11 接入以原油为碳源的液体培养基中，浓度调整为 10^7 个/mL，分别在不同温度、pH 值、矿化度培养 7d，测定各条件下培养体系的原油黏度和表面张力。

黏度测定采用 Broolfield Digital Viscometer 测定。

经微生物发酵液作用后的原油放在冰箱内冷藏保存，使原油固化析出，过滤分离得到原油。将其先过滤后脱水。用孔径为 0.043mm 的滤网过滤，过滤时加热温度应低于100℃。脱水采用高温脱水器脱水。加热脱水时，温度应低于 120℃，样品最终含水小于0.5%为合格。

实验前需要对黏度计进行标定。选择测试转子，设置测试黏度的温度为 50℃，恒温20～40min，然后开始测试。连续实验三次，取平均值。

界面张力采用界面张力仪（K10ST 型）进行测定。

发酵液 10000g 离心 15min 除去菌体及不溶颗粒，上清液转入洁净试管备用。取 5mL 注射器将发酵液注满离心管，慢慢将孔塞插入离心管，加发酵液至液面上升到孔塞上端，用孔塞压帽封住导孔，排除多余液体；用微量注射器将 50uL 空气注入离心管发酵液中形成气泡；将离心管装入仪器旋转轴内，旋压封紧；开动仪器，调节转速使液滴长径比大于4；打开光源，调节显微镜目镜使视野刻度线清晰；转动旋钮使水平刻度线与气泡轮廓线的一边。然后按数显尺清零，调节旋钮使刻度线与气泡轮廓线另一边重合，记录数据，重复测定三次，取平均值；将数据输入计算软件得出发酵液的表面张力值。结果见图 4-4。

由图 4-4 可见，在 40～50℃范围内原油黏度和体系表面张力能保持一个较低的水平，最适合温度略高于 45℃，这与生长情况相同；菌种在 pH 值为 6～8 条件下降低原油黏度和表面张力的能力最强，偏酸和偏碱都会抑制菌种活性；矿化度对菌种活性影响不大。原油黏度和体系表面张力的变化规律同菌种生长规律基本一致。同时也说明菌种能以原油为唯一碳源生长，并可降解原油、产生表面活性剂，使原油黏度和表面张力明显降低。

同原油黏度相比，培养液表面张力的变化幅度较小，同反应前相比则变化较大。将最适合条件下培养 7d 的培养液稀释 1 倍，表面张力几乎没有变化，所以可以判断此时培养液中的糖脂已达到临界胶束浓度。在后面的实验中用培养液同苯酚反应后的 OD_{480} 来表示糖脂产量。

菌种能降黏主要是因为原油中导致其黏度增高的重要物质——非烃和高分子烃类在发酵过程中被微生物降解。其次，菌种产生的代谢产物中含有大量的代谢产物，它会对原油起到乳化分散作用使之降黏也是一个重要原因。原油表面张力的下降主要是因为菌种在生长过程中产生了大量的生物表面活性剂，它们主要是各种大分子两性物质，可排列在油水界面上，从而降低其表面张力并使原油乳化。

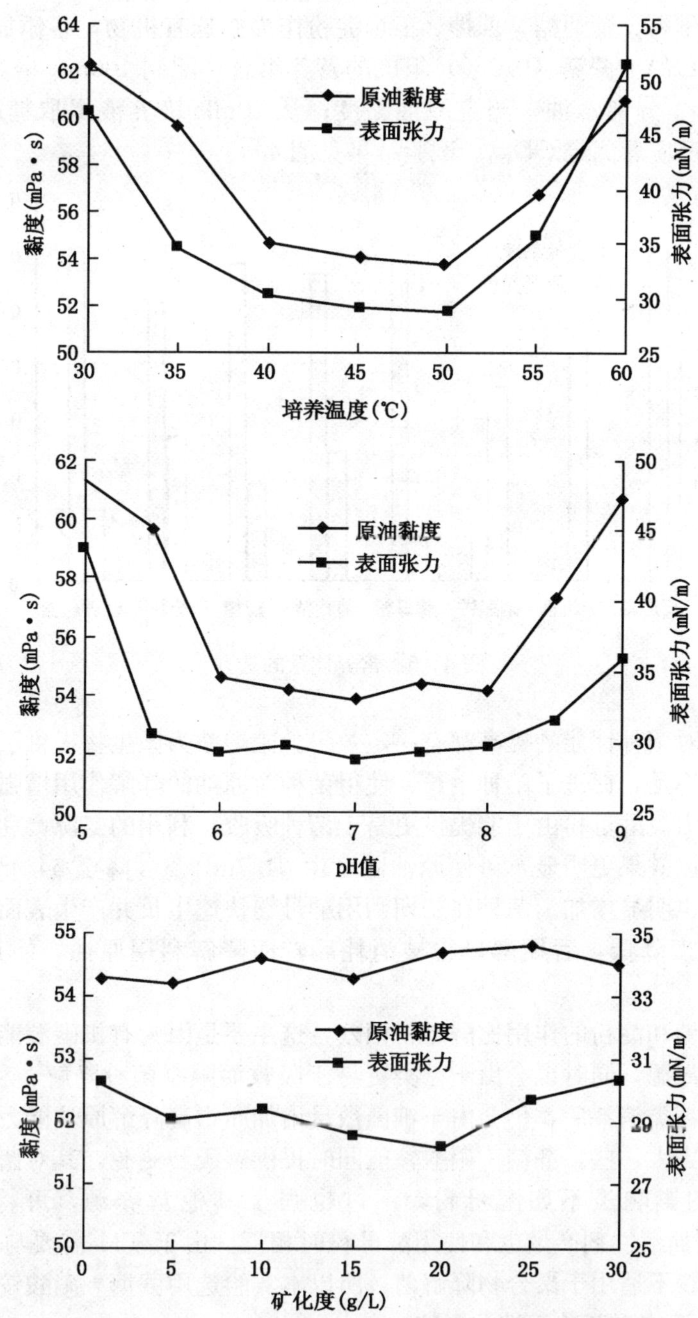

图 4-4　微生物在不同条件下对原油物性的改变

六、营养体系的选择

1. 营养体系对菌种性能的影响

本实验所用微生物虽然能以原油为唯一碳源生长，但其生长速度显然不如在葡萄糖培养基中的快。为了缩短反应时间，试验中注入的矿场培养基中，应含有一定浓度的有机物，用以刺激驱油微生物在地层条件下的有效生长，还能提供地层中相对缺乏的氮源。选择了硝酸铵、酵母粉、葡萄糖、蔗糖、玉米淀粉作为候选有机物，各添加 0.2%，并且再加上硝酸铵（0.1%）+蔗糖（0.2%）组成的营养组合，配制 100mL 培养基，接入菌种，45℃摇瓶培养 7d。分离水油，测定原油黏度；从 10mL 培养液提取糖脂粗品，稀释至 200mL，同苯酚反应后测定 OD_{480}。试验结果见图 4－5。

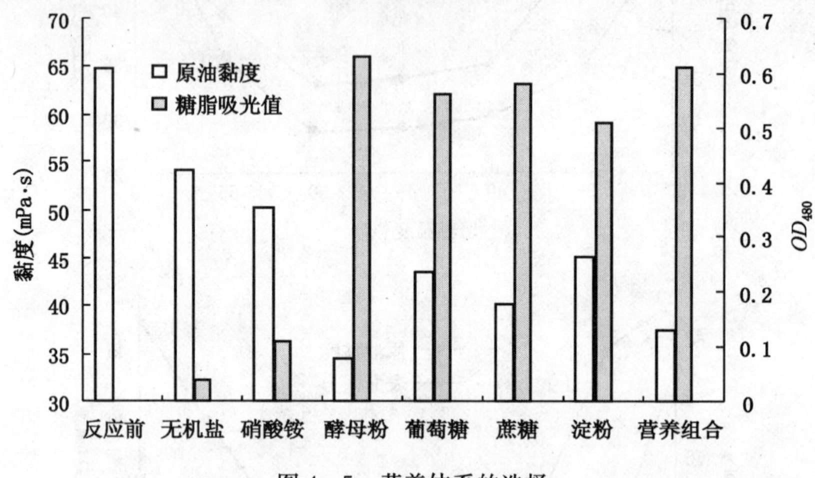

图 4－5　营养体系的选择

各种营养源对菌种性能的提高都有一定效果。硝酸铵为微生物提供了无机氮源，补充了原油中氮源的不足，促进了菌种生长，使得菌种对原油的降解作用增强，并提高了表面活性剂的产生能力。酵母粉由于能提供更易于菌种吸收、利用的氮源，利于菌种生长和产生代谢产物，所以效果更明显，可使原油黏度由 64.7mPa·s 降至 34.4mPa·s，糖脂表面活性剂的产量也明显增加。菌种在初期利用酵母粉快速生长并产生表面活性剂使体系表面张力和原油黏度降低，后期酵母粉被消耗后转而降解利用原油，使其原油黏度进一步降低。

葡萄糖、蔗糖和淀粉的作用比酵母粉稍差，这主要是因为有机碳源能促进菌种的生长代谢，但其缺乏氮源，同时也会由于糖类更易于吸收而限制菌种降解、利用原油的烃链。不过在反应后期糖类消耗后，仍会由于细菌数量增加而提高降解原油能力。在三种有机碳源中蔗糖的作用更大一些。蔗糖＋硝酸铵能同时提供碳源和氮源，其对菌种降黏和产生表面活性剂能力的影响虽不如酵母粉，不过也强于其他营养源，可将原油黏度降至 37.5mPa·s，表面活性剂产量也和使用酵母粉时相近。由于 T11 需要与聚合物降解菌复合使用，而酵母粉不适用于聚合物降解菌，所以本实验选用蔗糖＋硝酸铵为营养源。

2. 营养组分浓度对菌种活性的影响

在原油液体培养基中加入硝酸铵 1g/L，再添加不同浓度的蔗糖，接种 T11 培养 7d，检测不同蔗糖浓度对菌种活性的作用。然后再固定所确定的蔗糖浓度，检验不同硝酸铵浓度对菌种活性的影响。结果见图 4－6。

由结果可见，随着蔗糖浓度的增加，菌种降黏能力和产生表面活性剂能力逐步提高，当蔗糖浓度为 3g/L 时基本达到最大值，此后蔗糖浓度继续增加但原油黏度和表面活性剂含量变化不明显。

硝酸铵的影响相对较小，其浓度超过 1g/L 后菌种降黏率没有明显变化。

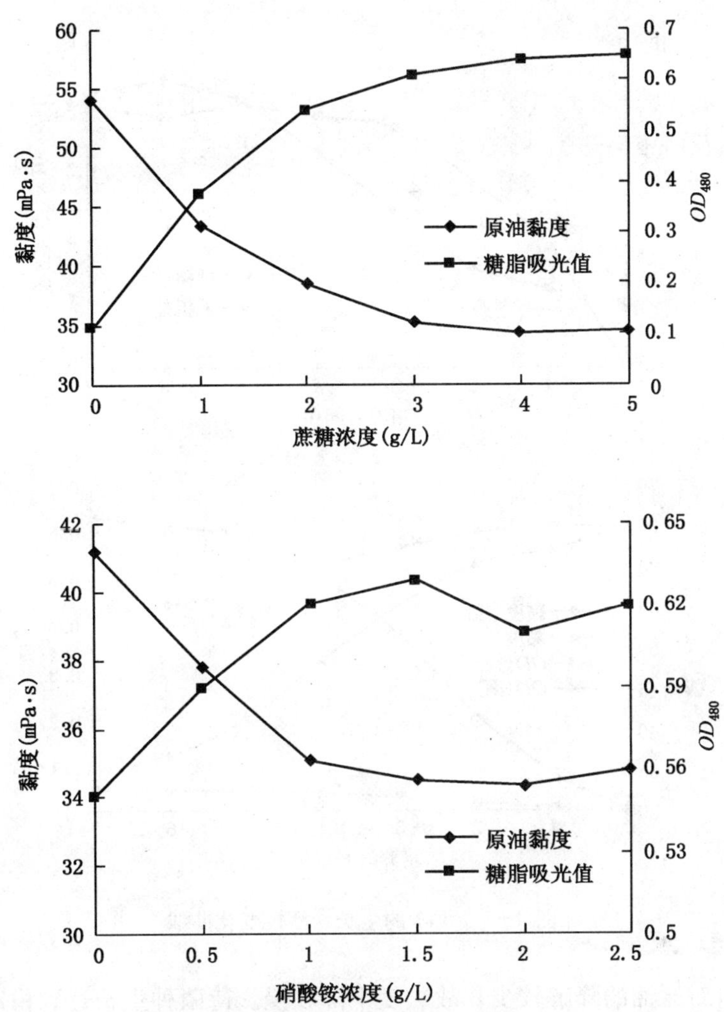

图 4-6 蔗糖、硝酸铵浓度对菌种活性的作用

所以基本确定 T11 的营养物为：蔗糖 3g/L + 硝酸铵 1g/L。

3. 两种营养体系下菌种生长速度和生理活性的变化曲线

将菌种接入添加了蔗糖 + 铵盐的原油液体培养基和无机盐原油培养基，进行对照，以 45℃培养 7d，逐日测定菌液浓度。结果见图 4-7。

由图 4-7 可知，在无机盐原油培养基中，T11 在前两天生长速度较缓，而后明显加快，到第 5 天菌株浓度基本达到最大值，以后趋于平稳，这说明 T11 在以原油为碳源时的对数生长期出现在第 2～5 天。培养基中原油黏度和表面活性剂产量的变化规律与生长曲线类似，只是原油黏度没有明显的稳定期，而是持续下降，不过到第 5 天后下降速度有所减小。

而当添加了蔗糖和硝酸铵后，菌种生长没有明显的延滞期，到第 3 天菌种基本达到稳定期，此后变化不大。这是因为相对于原油培养基，菌种更容易适应添加了蔗糖 + 铵盐的培养体系，从而使适应期明显缩短，也使稳定期提早出现。不过本体系中原油黏度的变化有大约两天的延滞期，这是因为菌种在生长初期主要利用蔗糖 + 硝酸铵生长，并代谢表面

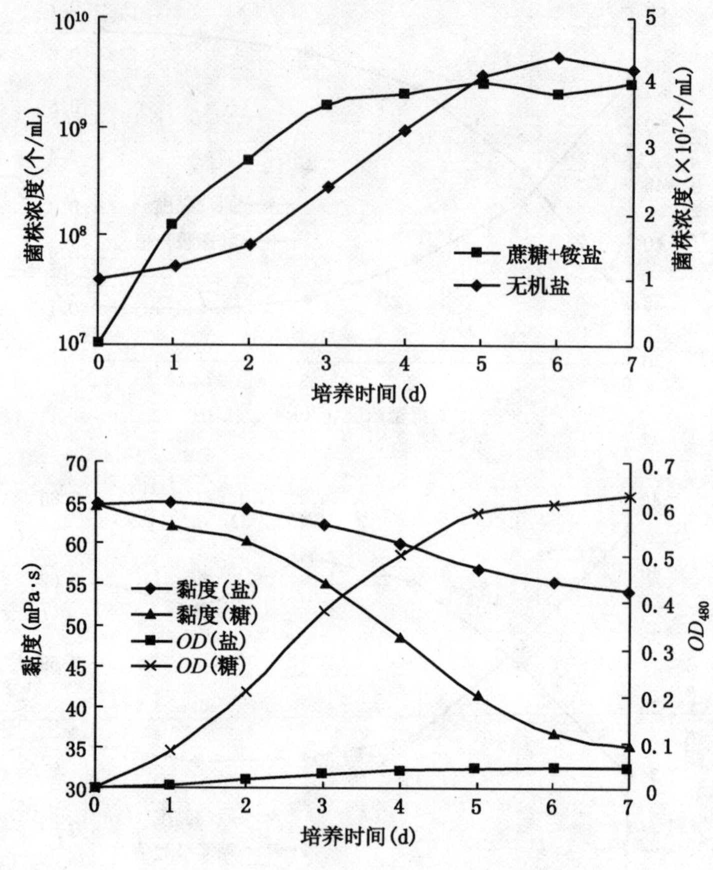

图 4－7　T11 的生长、活性变化曲线

活性剂，但此时对原油的降解较少，故黏度下降较慢。待菌种生长达到稳定期前后，菌种降解原油能力提高，使原油黏度迅速下降。同时表面活性剂含量继续增大，到第 5 天基本停止增长。随着蔗糖的进一步消耗，各项指标变化趋于缓和。

七、菌种降解原油的最适条件研究

1. 温度的影响

配制添加了蔗糖＋铵盐的原油液体培养基 1L，加入发酵罐中，调 pH 值至 7 左右，高温高压灭菌。待培养基冷却后接菌，在不同温度下发酵 1 周。发酵结束后，冷却至室温，油水分离。称取 1g 油，用 100mL 正己烷溶解，用 0.45μm 的油剂膜过滤，溶解的原油烃进行 GC—MS 定量分析。

层析柱：HP－5MS（crosslinked 5% HP ME siloxane）30m×0.25mm×0.25μm；

检测器：质谱检测器（MS）；

柱温：60℃恒温 2min，以 5℃/min 升温至 280℃，恒温；

气化室和检测室温度：300℃；

载气：氦气（流速 0.8mL/min）。

温度对微生物降解原油的影响如下：

植烷和姥鲛烷几乎不会被微生物降解，相对于正构烷烃而言是稳定的，故可用正构烷烃与姥鲛烷和植烷的比值（K）来大致反映正构烷烃浓度的变化。

由图4－8可知，T11菌对原油降解的最佳温度范围为40～50℃。这与油储层的温度相近，说明在储层中该菌能很好地利用原油。温度对微生物降解原油的影响主要是对原油物理状态、化学组成的影响以及对微生物本身活性的影响。微生物在代谢中对原油的获得程度受原油物理状态的影响；不同温度下由于轻组分的挥发程度不同，原油的组成也就有所不同；微生物对原油的降解完全借助于酶的作用，而酶活性必须在一个适宜的温度范围内才能得以发挥。对不同的微生物，其酶最佳活性温度不同，而且它在很多情况下并不同于微生物的最适合生长温度。实际上，微生物机体中很多种酶的最适合温度都是不同的。

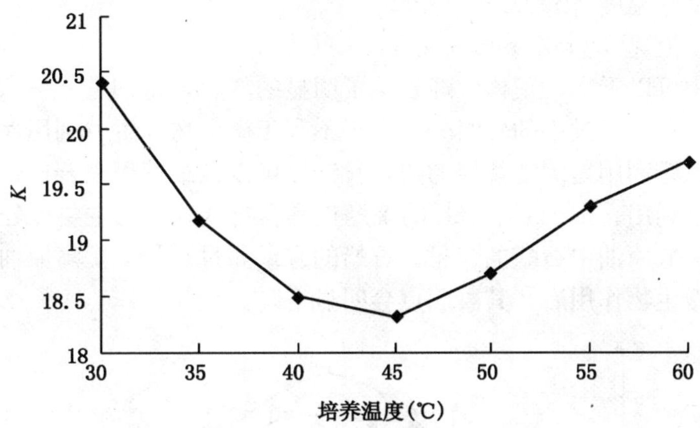

图4－8　不同温度下发酵后原油正构烷烃相对含量

2. pH的影响

以T11接种上述原油培养基，在不同pH条件下培养7d，以GC—MS检测原油K值的变化。由本实验结果（图4－9）可知，T11菌对原油中的正构烷烃的降解在中性环境下效果最好，不过相对来说菌种在偏酸性条件下降解能力更强，这和菌种的生长特性有些出入（偏碱性生长更好）。这是因为微生物细胞内各种酶活性的影响因素常常不同，所以菌种的某种活性的最适合条件也经常不同于其最适合生长条件，这是微生物的普遍现象。

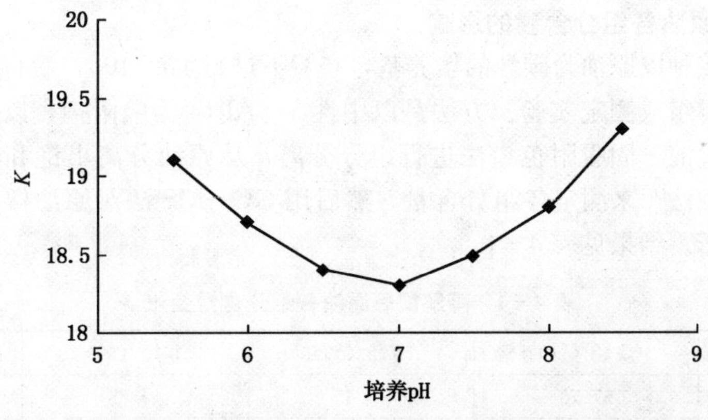

图4－9　不同矿化度下发酵油样中各烃相对含量

八、微生物降解原油组分的研究

1. 微生物对原油饱和烷烃组成的影响

取5个三角瓶各加入配好的培养基200mL，封口灭菌。发酵10d后，实验结束，处理样品。用滤膜进行油水分离，用正己烷充分溶解分离出来的油，并用0.45μm的油剂膜过滤，保存滤液并称量不溶物的重量；将滤液进行GC—MS定性及定量分析。

层析柱：HP－5MS（crosslinked 5% HP ME siloxane）30m×0.25mm×0.25μm；

检测器：质谱检测器（MS）；

柱温：60℃恒温2min，以5℃/min升温至280℃，恒温；

气化室和检测室温度：300℃；

载气：氦气（流速0.8mL/min）。

从图4－10中可以看出，正构烷烃发生了明显的降解，特别是C_{16}—C_{28}烷烃的降解最为显著，而相对分子质量过小的轻组分则由于不利于微生物降解、利用而被保留下来。这是由于细菌本身缺乏利用短碳链烷烃的酶，长链烃可以被细菌用来合成长链有机酸等生物化学物质而被大量利用。由于C_{16}—C_{28}的烷烃正是石蜡族烷烃的主要部分，所以微生物的降解作用会显著降低原油中石蜡的含量。石蜡的含量如过高就会提高原油的凝固点，所以可以预计原油在微生物作用后，其凝固点会明显下降。

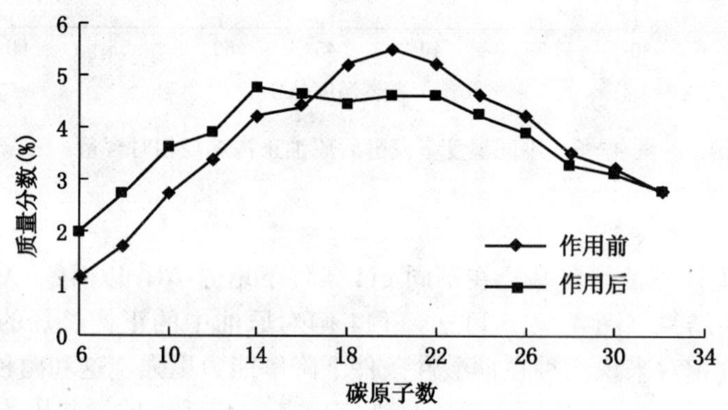

图4－10　微生物作用前后油样饱和烃的分布

2. 微生物对原油各组分含量的影响

用复合菌种接种以原油为碳源的培养基，45℃下进行发酵10d，后将发酵前后原油样品进行原油的烃类组成测定实验。方法是以中性γ—Al_2O_3为吸附剂，以石油醚、苯和乙醚等为溶剂，通过液—固吸附色谱法进行组分分离，从原油分离出饱和分、芳香分和非烃，应用模拟蒸馏法[6]来测定各组分含量。然后用GC—MS法对原油样品的饱和烃组成进行定性定量分析。结果见表4－1。

表4－1　降解前后原油各组分含量变化

样　　品	烷烃（%）	芳烃（%）	非烃（%）	胶质、沥青质（%）
原油（发酵前）	57.76	14.45	14.85	22.21
原油（发酵后）	52.81	16.22	13.18	22.03

由表4－1可知，微生物对原油各族组分的降解情况不同，烷烃和非烃都发生了明显降解，其相对含量由于微生物的降解作用而降低；芳烃则由于降解量少或基本不降解，其相对含量升高；胶质和沥青质降解量也很少，但是比芳烃略多些。

由上述分析可知，原油在微生物的作用下，烷烃由于结构简单而被微生物大量降解、利用；一些结构简单的非烃也会被利用；芳香烃因其结构复杂难于降解而被保留。极性的非烃减少，会减小分子间的相互作用，这会在一定程度上降低原油黏度。胶质、沥青质由于相对分子质量大且结构复杂，难以降解。但从结果上看，仍有少量胶质、沥青质可以被微生物利用，从而使其相对含量基本不变，这也对原油黏度的降低有利。

九、微生物对原油性质的改变

1. 不同温度下菌种对原油的作用

将菌种接种到添加了外来营养的原油液体培养基上，45℃（或其他温度），80r/min培养7d，4000r/min离心分离30min，吸出上清液，测原油黏度、表面活性剂产量（OD_{480}）、pH值以及原油蜡含量。Broolfield Digital Viscometer测定原油黏度，界面张力采用界面张力仪（K10ST型）进行测定，pH值以pH计测定。

其中蜡含量测定法是采用裂解蒸馏法（SY/T 0541—1998），主要分为两大步骤：第一步脱胶，即裂解过程；第二步脱蜡，即冷冻过程。

（1）裂解过程：取50g原油于裂解蒸馏瓶中，用煤气灯加热，得到馏出油，称重。

（2）冷却过程：取3个不等量的馏出油试样于100mL三角瓶中，用乙醇—乙醚（1∶1)混合溶液溶解，在－21～－20℃下冷却，将析出的蜡过滤，所得蜡用石油醚溶解，从溶液中蒸出石油醚，将蜡干燥、冷却、称量，求出蜡含量。

从表4－2中可以看出，T11对原油有较强的降黏能力，在40～50℃时的降黏率可达到35％～40％；并且在不同温度下均能大量产生表面活性剂，在约45℃时达到最佳效果，培养温度较低或较高时也有一定效果。T11也能明显降低原油的蜡含量，并且在培养处理温度为45℃左右时达到最佳效果。当微生物生长旺盛时，会大量利用原油中的饱和烷烃作为碳源，特别是C_{12}—C_{20}的石蜡族烷烃。此外，微生物还会分泌一些胞外酶降解石蜡烃。不过T11不能明显降低pH值，只是在最适条件下能使pH值降至6.7，这说明菌种只能在代谢过程中产生少量的生物酸。

表4－2 微生物在不同培养温度下对原油物性的改善

项　目	对　照	35℃	40℃	45℃	50℃	55℃
黏度（mPa·s，50℃）	66.1	53.4	39.5	35.1	38.6	51.5
糖脂产量OD_{480}	0	0.41	0.56	0.61	0.59	0.45
pH值	7.3	7.1	6.7	6.7	6.9	7.2
蜡含量（％）	44.3	42.3	39.8	38.1	40.5	43.6

2. 菌种对牛顿指数、黏度变化量、提高采收率指数的影响

原油的流动性能和黏度是随着剪切速率发生变化的，原油黏度随剪切速率的增大而降低，属非牛顿流体，不像水和煤油当剪切速率变化时黏度是常数。当微生物作用后，降低

了原油中长链分子的含量，使原油变稀，黏度下降，将原油移向了牛顿流体。同时，原油中长链分子降解时，原油的体积增大，形成了油包水或水包油的状态，使原油的牛顿指数、黏度变化量、提高采收率指数发生了变化。3 个参数表明了原油变化的特征，定义如下：

(1) 牛顿指数（Newt Index）。

牛顿指数＝（对照黏度×最低剪切速率－对照黏度×最高剪切速率）÷（样品黏度×最低剪切速率－样品黏度×最高剪切速率）

它标志着处理后原油的牛顿流体的好坏，一般牛顿指数大于 1.5 为好。

(2) 黏度变化量（$\Delta V$is）。

$$\Delta V\text{is} = \left(\sum \text{对照黏度} - \sum \text{样品黏度}\right) / \sum \text{对照黏度}$$

它标征着处理前后原油的黏度变化程度，一般以不小于 0.01 为好。

(3) 提高采收率指数（EOR Index）。

$$\text{EOR Index} = 1/(1-\Delta V\text{is})$$

该指数表明潜在的增加采收率的大小，一般以不小于 1.15 为好。

本试验应用了牛顿指数、黏度变化量、提高采收率指数对微生物作用前后的原油进行了评价。从图 4－11 中数据说明 T11 的牛顿指数、黏度变化量参数和提高采收率指数均较高，表明了潜在的增加采收率指数较高，可以认为该菌种利用原油的性能较好。进一步说明微生物其明显的作用是有效地改变了原油的性质，增加了原油的流动能力。

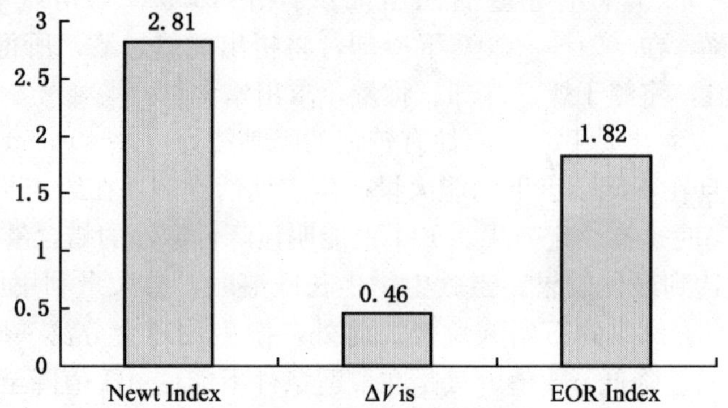

图 4－11　T11 作用后原油的牛顿指数、黏度变化量、提高采收率指数

3. 菌种厌氧条件下的生理状态

将菌种接种到添加了外来营养的原油液体培养基上，分成 3 组，其中 2 组分别添加 0.1%的 KNO_3 和 K_2SO_4。45℃（或其他温度），80r/min 厌氧培养 7d，检测实验后指标。实验结果见表 4－3。

表 4－3　厌氧培养时菌种的性能

项　目	菌株浓度（个/mL）	原油黏度（mPa・s）	糖脂产量 OD_{480}	蜡含量（%）
反应前	1.0×10^7	62.8	0	43.6
有氧	3.1×10^9	35.4	0.62	37.8

续表

项　目	菌株浓度（个/mL）	原油黏度（mPa·s）	糖脂产量 OD_{480}	蜡含量（%）
厌氧	2.7×10^9	44.3	0.34	41.5
KNO_3	2.5×10^9	41.4	0.43	40.2
K_2SO_4	2.8×10^9	44.6	0.36	41.8

菌种在厌氧条件下降解原油和产表面活性剂能力和有氧时相比有所降低，这主要是因为兼性厌氧微生物通常在有氧、无氧时会有两种不同的呼吸方式，其有氧呼吸的效率要远大于无氧呼吸，所以会导致活性变强。添加了 NO_3^- 后菌种活性有所提高，而 SO_4^{2-} 无此效果，说明 T11 是以 NO_3^- 为厌氧呼吸时的电子受体的。菌种在有氧、厌氧条件下培养的最终浓度的差别不明显，是因为厌氧条件虽然会使菌种生长速度减慢，但在 7d 内仍能达到最大浓度，只是稳定期时间缩短。菌种在厌氧培养时的生理活性下降幅度不大，说明 T11 可以进入油藏深处发挥作用。

第三节　菌种所产生物表面活性剂的性质

一、表面活性剂样品的提取纯化与含量测定

1. 提取

将 T11 接种 500mL 添加了蔗糖和硝酸铵的原油液体培养基，45℃培养 48h。发酵液过滤、离心除菌后，用 $10\%H_2SO_4$ 调发酵液 pH 值为 6.0，分两次加入 1 L 体积的（V/V＝2：1）混合溶剂，磁力搅拌 1h，分液漏斗分液，合并有机相，水洗，在 55℃下用 K—D 浓缩仪减压蒸馏除溶剂，得粗产物 A。

2. 纯化

将粗产物 A 溶于一定体积（约 5mL）氯仿中，过硅胶柱，先后用正己烷、氯仿、氯仿/甲醇（V/V＝8：1）洗脱，收集并蒸去各种溶剂，得纯产品 B。

3. 再纯化

重复上述纯化流程，得产物 C。

将提纯后的产物 C 以分析天平称重，最后推算 T11 菌以蔗糖、硝酸铵、原油为营养源发酵产生的表面活性剂最大产量为 1380mg/L。

二、表面活性剂样品临界胶束浓度的测定

临界胶束浓度（CMC）是表征表面活性剂的一个重要参数。把提取纯化的生物表面活性剂冻干品溶解在 pH 值为 7.0 的蒸馏水中，配制成一系列浓度溶液，45℃下测定各溶液表面张力，结果见图 4－12。

实验结果表明，随着表面活性剂浓度的增加，表面张力逐渐下降，当浓度为 39.3mg/L 时，界面张力降到最低为 28.8mN/m，再继续增加浓度，界面张力不再下降，因此，脂肽的临界胶束浓度约为 39.3mg/L。由图 4－12 的曲线也可以看出水溶液的浓度在 39.3mg/L 时界面张力有一个突变点，因此，可以确定 T11 菌株产生的生物表面活性

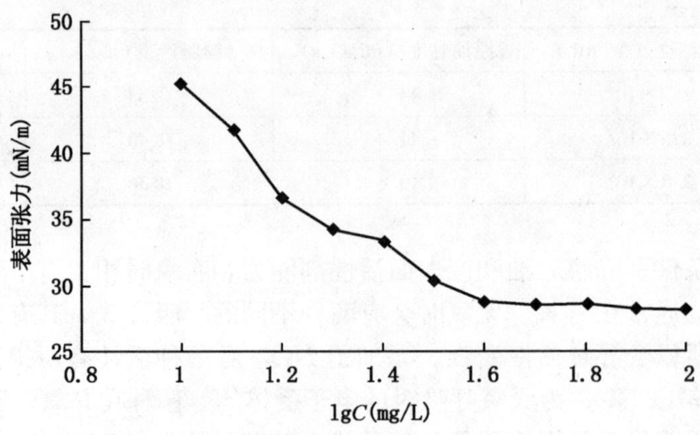

图 4－12　表面活性剂的 CMC 值

剂的 CMC 值约为 39.3mg/L。这说明该表面活性剂在很低浓度下即可表现较强的表面活性，这对其广泛应用非常有利。

三、不同环境条件对表面活性剂样品的表面活性的影响

1. 温度的影响

用 pH 值为 7.0 的蒸馏水制备 1CMC（39.3mg/L）浓度的表面活性剂溶液（其界面张力为 28.8mN/m），用于测定温度对生物表面活性剂的表面活性的影响。在不同温度处理 2h，冷却至室温后测定其界面张力值，结果见图 4－13。

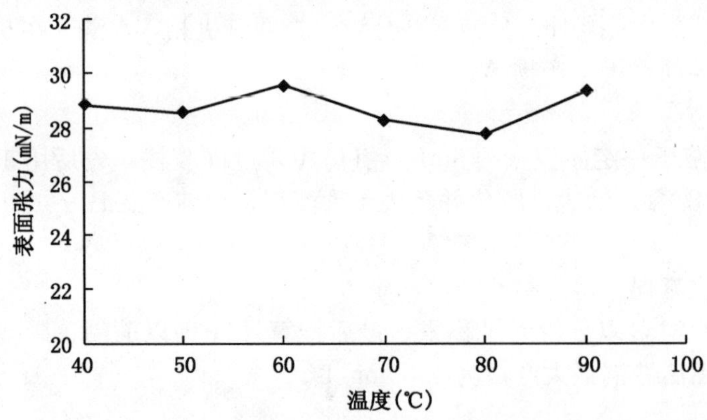

图 4－13　表面活性剂溶液在不同温度处理不同时间后的界面张力

从结果中可以看出，温度在 40～100℃对脂肽处理 2h，对其表面张力没有影响。该生物表面活性剂在经受 100℃两小时的热处理后，其界面张力仍不降低，说明该生物表面活性剂对温度变化具有较强的耐受性。

2. pH 值的影响

调整 1CMC 浓度的表面活性剂样品水溶液的 pH 值，测定不同 pH 值的表面活性剂水溶液的界面张力值，结果见图 4－14。

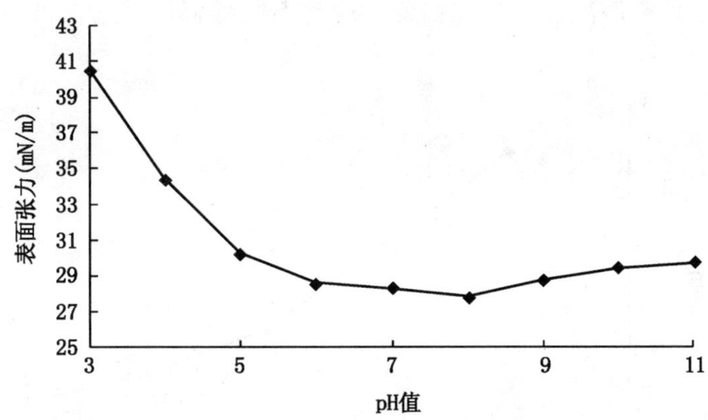

图 4-14　表面活性剂溶液在不同 pH 值处理不同时间后的界面张力

实验结果表明，在 pH 值为 6.0～11.0 范围内，该表面活性剂溶液的表面张力值变化不大。但当 pH 值在 6.0～8.0 之间时，其界面张力降到最低，说明其表面活性的最适合 pH 值为 6.0～8.0，pH 值低于 6.0 时表面活性显著下降。由此可以看出，该生物表面活性剂在酸性条件下不稳定，在 pH 值为 3.0～5.0 时溶液中可观察到有沉淀生成，这是鼠李糖脂的常见现象，但该表面活性剂在中性和碱性条件下稳定。

3. 水的矿化度的影响

在 1CMC 浓度的表面活性剂水溶液中加入 NaCl，在 45℃下分别测定不同 NaCl 浓度下溶液的界面张力值，结果见图 4-15。结果显示在实验范围内，矿化度对其表面张力没有实质的影响，这表明该生物表面活性剂对盐有极高的耐受性。

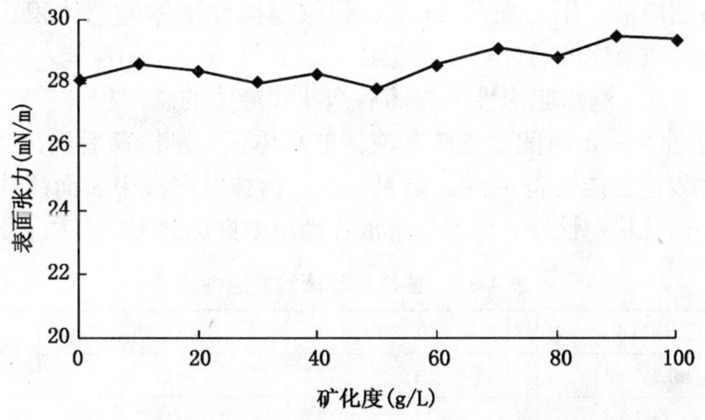

图 4-15　表面活性剂溶液在不同矿化度处理不同时间后的界面张力

四、表面活性剂样品乳化活性的测定

取 0.5mL 不同稀释度的菌株发酵液，0.1mL 体积比 1∶1 的十六烷/2—甲基萘酚混合液，4.4mL 总浓度 20mmol/L、$MgSO_4$浓度 10mmol/L 的 Tris 缓冲液（pH 值为 7.0），将三者在试管中用均质机混合 1min，静置 30min 后测定乳化混合液在 540nm 处的光密度

(OD_{540})。将表面活性剂溶液进行系列稀释，测定不同稀释度发酵液的乳化活性，结果如图 4-16 所示。

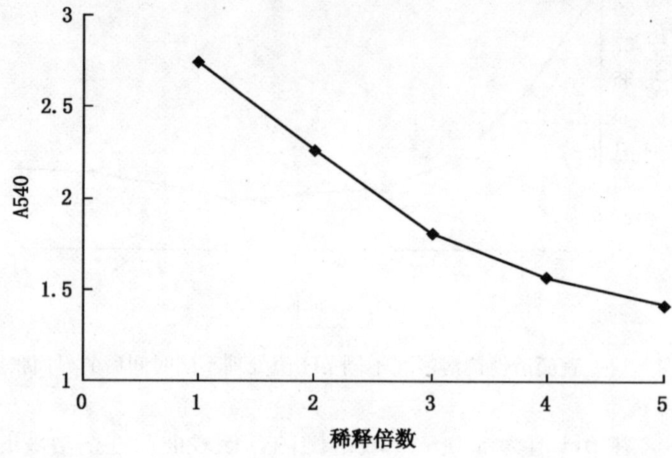

图 4-16　不同稀释度的生物表面活性剂溶液乳化活性测定值

由图中可以看出，表面活性剂的乳化能力较强，随着稀释度的升高，溶液乳化活性逐渐下降，当稀释 5 倍时，乳化活性降为原液的一半左右，但仍强于多数人工表面活性剂。以上结果说明该 T11 生物表面活性剂具有很好的乳化活性，有很强的携带原油能力。

五、菌株发酵液的发泡性能

采用试管振荡法测定表面活性剂的泡沫性能。45℃下，在 50mL 刻度试管中加入 10mL 已配好的待测溶液，用力振荡 25 次，记录泡沫和液体的总体积。然后静置，记录间隔 5min 后的泡沫和液体的总体积，根据以下公式计算泡沫的性能：

泡沫起泡性 = 振荡后泡沫和液体的总体积

泡沫体积稳定性 = 一定时间后泡沫和液体的总体积 ÷ 刚振荡后泡沫和液体的总体积

菌株发酵液的发泡性能见表 4-4。结果表明，菌株发酵液中表面活性剂在 45℃条件下的发泡能力很强，而且稳定性好。说明发酵液在地层中更加稳定，有利于驱油作用的发挥。

表 4-4　菌株发酵液的发泡性能

表面活性剂浓度（g/L）	0.1	0.5	1
泡沫体积（mL）	11	17	20.5
静置后泡沫体积（mL）	11	16	19
泡沫体积稳定性	100	94.1	92.7

六、菌株发酵液对原油的乳化作用

取去离子水、培养基、T11 菌株发酵液各 10mL 分别和等体积煤油于 30mL 乳化管中用 Ployron 均质机 10000r/min 均质混合 1min，45℃放置，最初 2h 观察一次，放置 7d 观察乳化液分离效果，结果见图 4-17。

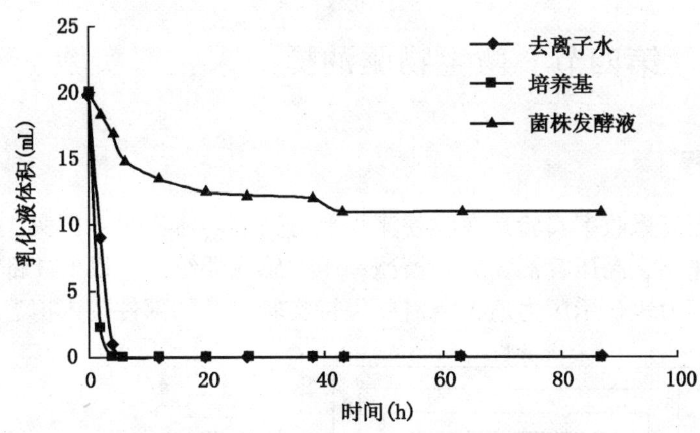

图 4－17　去离子水、培养基、菌株发酵液与原油乳化效果对比

从图 4－17 中可以看到，在最初的 10h 内，菌株发酵液与原油形成的乳化液体积变化比较快，35h 以后，体积基本稳定在 11mL 左右，继续观察没有明显变化，从乳化管的外观看，加入该脂肽生物表面活性剂的原油对瓶壁的脱附能力及溶解性增强，油水能够形成均匀的乳化液，黏度下降，说明菌株发酵液具有良好的乳化效果，在 MEOR 中将具有重要的利用价值。

七、Ca^{2+}/Mg^{2+} 离子浓度的影响

在 1 CMC（39.3mg/L）浓度的脂肽水溶液中加入 Ca^{2+}/Mg^{2+} 离子，使其浓度分别为 10.0mg/L、50.0mg/L、100.0mg/L、500.0mg/L、1000.0mg/L、5000.0mg/L、10000.0mg/L、50000.0mg/L、100000.0mg/L，在 45℃下分别测定不同 Ca^{2+}/Mg^{2+} 离子浓度的脂肽溶液的界面张力值。结果（图 4－18）显示从较低的 Ca^{2+}/Mg^{2+} 离子浓度（10.0mg/L）到较高的 Ca^{2+}/Mg^{2+} 离子浓度（100000.0mg/L）对脂肽生物表面活性剂的表面活性没有实质的影响，表面张力基本处于 28.0～29.0mN/m 之间，说明与其他化学合成表面活性剂不同，Ca^{2+}/Mg^{2+} 离子浓度对该脂肽生物表面活性剂基本没有影响，这对其在现场的应用具有极大的优势。

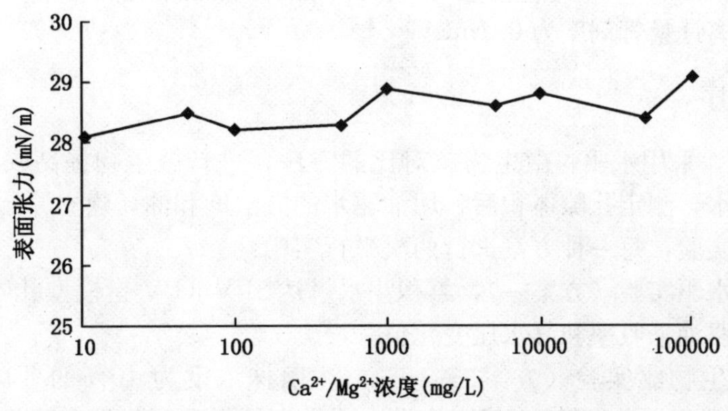

图 4－18　Ca^{2+}/Mg^{2+} 浓度对糖脂表面张力的影响

第四节　微生物驱油提高采收率实验

一、实验流程

微生物驱油提高采收率实验是在驱替流程上进行的，流程示意图见图 4－19。驱替实验流程由微量恒速泵、高压容器、岩心模型和压力感应器组成，以上 4 部分用管线和阀门连接，按要求装压力表显示压力值，将需要保持实验温度的部件装入恒温箱中。

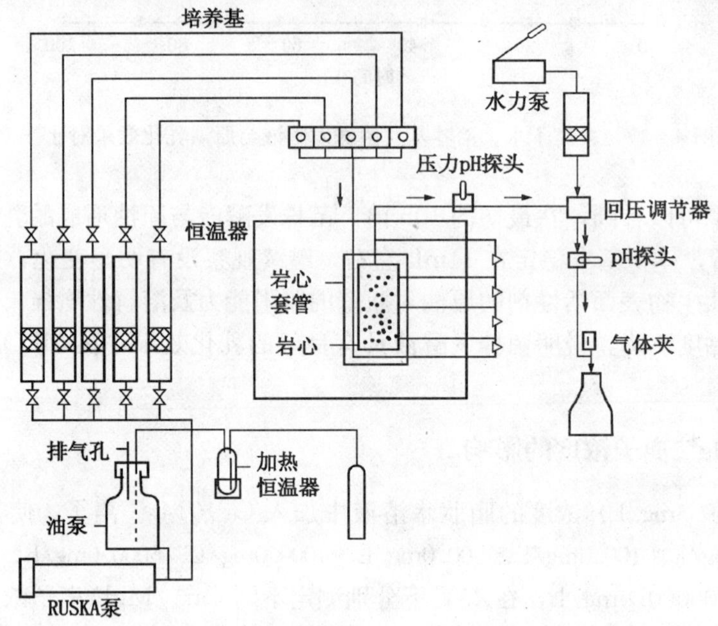

图 4－19　微生物驱油实验装置示意图

（1）微量恒速泵，日本国岛津公司生产，型号为 LC－10AT VP，排量为 0.001～10mL/min，计量精度达 0.001mL，恒速泵由微电脑控制。

（2）精密压力表的精度为 0.4 级，计量范围为 0.01～0.6MPa。

（3）恒温箱，上海 ESPEC 产，型号为 LC－213，控制温度误差为±1℃。

（4）油水分离计量管刻度为 0.1mL。

二、实验程序

选用 T11 菌，采用水驱、微生物驱对比的方法，进行微生物提高采收率实验：岩心模型在抽空饱和水，测定孔隙体积后，用油驱水的方法饱和油，建立原始含油饱和度。然后进行三组驱替实验，每一种方案进行两次平行实验：

第一组进行水驱实验（方案一），累积注水量达 5PV（PV 指模型孔隙体积），计量产出油量，获取水驱油采收率和静水压变化值。

第二组做微生物驱实验（方案二、三），注菌株浓度为 10％的 T11 菌液 1PV，在 45℃下，放置 7d、14d，让菌液在模型多孔介质中生长繁殖，与剩余油作用，再恢复水驱 4PV，计量产出油量，获取菌液驱油采收率和静水压变化值。

第三组做模拟区块开发现状的微生物驱实验（方案四），先注水使其含水达到98%，然后转注浓度为10%的SF67菌液1PV，在45℃下放置7d，最后恢复水驱3PV，累积驱替量达5PV。计量产出油量，计算采收率和静水压变化值。

三、提高采收率实验结果

实验综合数据见表4－5；采收率与驱替倍数关系数据见图4－20。

表4－5　T11菌驱替试验综合数据

方案号	孔隙体积（mL）	渗透率（μm^2）	孔隙度（%）	采收率（%）	采收率平均值（%）	采收率增值（%）	采收率平均增值（%）
一	124.5	0.956	34.6	52.7	52.2	—	—
	115.7	0.836	32.6	51.7		—	
二	94.7	1.063	28.7	61.7	62.3	9.6	10.1
	105.7	1.264	26.8	62.8		10.6	
三	114.7	0.836	27.6	62.7	63.6	10.5	11.4
	108.5	1.164	33.2	64.5		12.3	
四	85.8	0.935	29.5	59.8	59.2	6.8	6.6
	127.4	0.784	31.5	58.6		6.4	

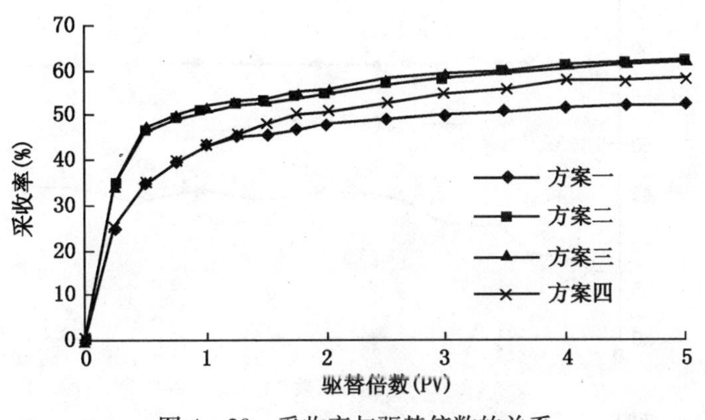

图4－20　采收率与驱替倍数的关系

由结果可见菌液驱替1PV后，在岩心多孔介质中放置7d然后进行水驱，其采收率比单纯水驱提高了11%～12%。同时还可看出，T11在介质中反应14d和7d相比，对原油的驱替率虽有一定提高，但是幅度并不大，这说明菌种在岩心中很快就能达到其最佳驱替效率。

先水驱使含水比达98%后，转注菌液，放置7d后再进行水驱，其采收率比水驱提高了7个百分点。这说明菌种注入时机会影响采收率的提高效果，注入时油层含水越少，效果越好。但即使在目前的开发情况下，微生物驱仍会明显提高采收率。

四、微生物在多孔介质中改善原油物理性质的实验

基本试验流程和程序同上述实验。测定不同时段驱替出原油的黏度、表面张力和蜡含量。结果见表4－6和图4－21。

表 4－6　原油经微生物作用后物理性质的变化

项　目	原油黏度（mPa·s）	表面张力（mN/m）	蜡含量（%）
方案一	56.3	58.4	44.8
方案二	42.5	45.2	41.8
下降值（%）	25.4	22.7	11.1
方案四	39.1	46.7	41.3
下降值（%）	28.5	22.2	11.4

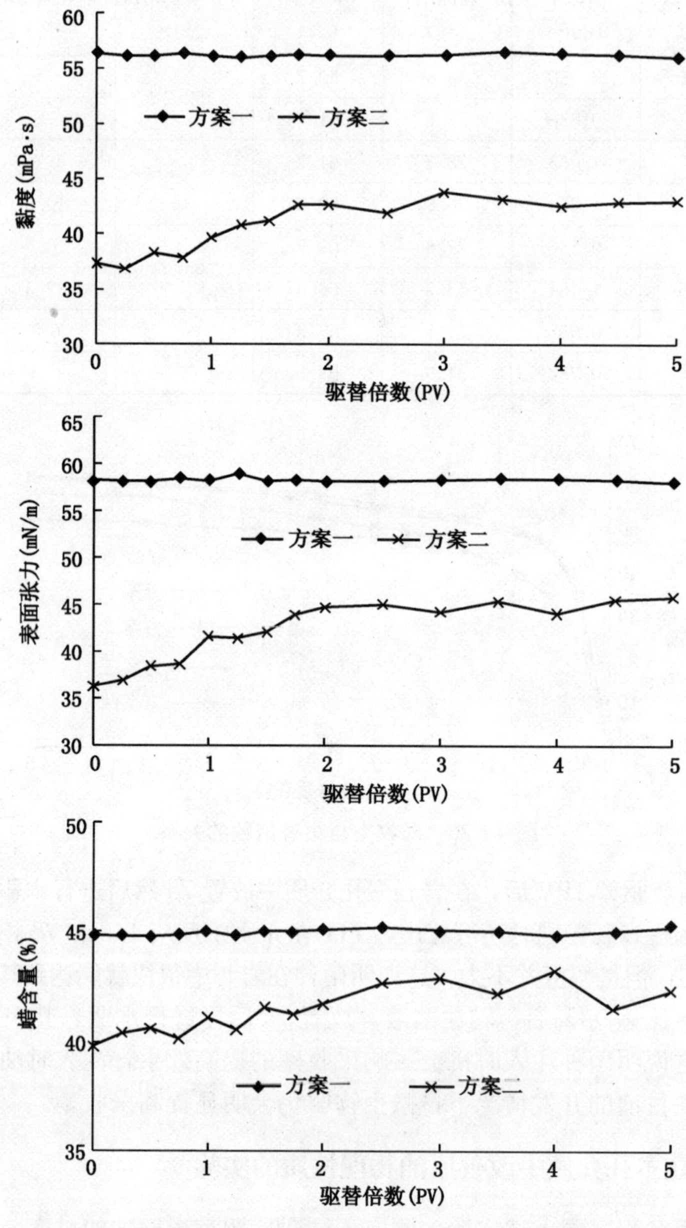

图 4－21　原油黏度、表面张力、蜡含量同驱替倍数的关系

如图 4－21 所示，T11 菌在岩心多孔介质中繁殖 7d 后，会明显降低原油的黏度、油水界面张力和蜡含量，其降低幅度同前面进行的菌种功能测试的结果基本相一致，这说明微生物能在岩心多孔介质中正常生长。随着驱替的进行，黏度和界面张力有不同程度的回升，驱替体积在 2～3PV 时达到稳定。这主要是微生物产生的生物表面活性剂和有机酸等分泌物被驱替水稀释的结果，当微生物代谢产物的生成速度和稀释速度相平衡时，各值保持稳定。由于细菌代谢产物不是原油蜡含量变化的主因，所以蜡含量在整个驱替过程中保持稳定。原油黏度、表面张力和蜡含量在稳定时分别较无菌对照下降 25.4%、22.7%、11.1%。

原油黏度、蜡含量的降低会提高其流动性，表面张力的下降会增强其乳化性，这些有助于残余油的排出，提高原油采收率。同时，该实验结果也表明微生物在多孔介质中仍能正常繁殖、代谢，改变原油的物性。在先水驱后微生物驱时，微生物对原油物性的影响能力无明显变化，这说明此时采收率下降的原因不是微生物活力降低，而是由于剩余油的分布不利于进一步驱替造成的。

第五节　小　　结

(1) 本研究分离到 1 株能以原油为营养源，并代谢表面活性剂的菌种，属于地衣芽孢杆菌，命名为 T11。它的最适生长温度在 40～50℃之间，最适 pH 值为 6.0～8.0，在低于 30g/L 矿化度条件下生长良好。在最适条件下，菌种以原油为唯一营养源时可在 7d 内将原油黏度由 64mPa·s 降至 54mPa·s，表面张力由 57mN/m 降至 52mN/m。如果添加蔗糖 3g/L ＋硝酸铵 1g/L，则原油黏度可降至 34mPa·s 左右，表面张力降至 30mN/m 左右。

(2) 在菌种作用下，原油烷烃和非烃都发生了明显降解；芳烃和胶质、沥青质的降解量少或基本不会降解。正构烷烃中 C_{16}—C_{28} 烷烃的降解最为显著，而相对分子质量过小或过大都不利于微生物降解。菌种降解烷烃的最适条件同其生长最适条件相比略有差距，但不显著。菌种发酵后原油的牛顿指数、黏度变化量、提高采收率指数分别为 2.81、0.64、1.82，表明其有较好地提高采收率的性能。

(3) T11 代谢产生的生物表面活性剂为鼠李糖脂类物质，最大产量为 1380mg/L，有很好的乳化原油和发泡性能。表面活性剂样品的临界胶束浓度为 39.3mg/L，此时的表面张力为 28.8mN/m。该样品在高温、碱性、高矿化度条件下性质稳定，但在酸性环境中会发生沉淀。

(4) 先微生物驱后水驱时，物理模拟实验显示采收率可比单纯水驱提高 10%～11%，原油的黏度、表面张力和蜡含量明显下降；含水达 91%再转微生物驱时，采收率可提高 7%。这说明菌种具有很强的驱油活性。

第五章　以原生质融合方式构建新型驱油菌种

第一节　原生质融合技术的发展及特点

如今，应用先进的基因重组技术改变微生物的基因，使微生物具备新的性状或加强原有的功能，进而提高其工作效率已成为应用微生物领域的一个重要研究方向。这些基因重组技术中，细胞水平的原生质体融合技术因为具备遗传物质传递完善、易打破分类界限、节省费用和时间等各种优点，已在包括石油工业在内的各研究领域中都得到了广泛应用[87,88]。

原生质体（protoplast）一词最初是用来表示植物细胞壁内的原生质。1952年用它来表示动植物和微生物细胞去除细胞壁以后的一种细胞结构。1953年，Salton等人首先用溶菌酶溶解细胞壁获得了原生质体。1958年，Brenner等人提出了细胞原生质体的三条标准，即：没有细胞壁；失去细胞刚性，呈球型；对渗透压敏感脆弱。按照同样的标准，Eddy，Emerson，Bachmann等人用蜗牛酶配合其他条件分别从酵母菌和丝状真菌中释放出原生质体。Douglas首先用溶菌酶从链霉菌菌丝中制备出原生质体，并用噬菌体吸附及血清试验证实细胞壁确实溶解。

原生质体融合就是将两个亲株的细胞壁分别通过酶解作用加以剥除，使其在高渗环境中释放出只有原生质膜包被着的球状原生质体。然后将两个亲株的原生质体在高渗条件下混合，使它们相互凝集，通过细胞质融合，接着发生两套基因组之间的接触、交换、遗传重组，在再生细胞中获得重组体。

在1954年，Satahelin就曾用连续照相追踪了炭疽杆菌的原生质体融合。1958年，日本的冈田善雄发现灭活的仙台病毒可以诱发细胞融合，从而奠定了细胞融合的技术基础。原生质体融合技术最关键的环节就是菌株的融合和融合子的检出，其试验方法也不断得到改进。人们最初是采用以NaCl、KCl为融合剂的方法来融合细胞的；后来，Kao发现聚乙二醇在Ca^{2+}存在下能促进植物原生质体融合，并可显著提高融合频率[89]。接着PEG的促融作用很快在微生物中得到证实，并成功地报道了酵母菌、霉菌、放线菌和细菌等多种微生物的株内、株间、种间以及属间的融合，从而使原生质体融合技术在微生物方面形成了一个系统的实验体系。在1978年第三届国际工业微生物遗传讨论会上，将原生质体融合技术作为一种新的育种手段提出来。其后Zimmermann和张闻迪先后发明电场融合技术和激光融合技术，它们有操作简单、选择性高等优点，但所需设备昂贵[90~92]。发展最早同时也是应用最广的融合子检出技术是营养缺陷型检出法，该方法很准确，但是过程繁琐，并对亲本性状有负面影响；而后又发展出抗药性检测法、荧光检测法、原生质体灭活法和碳源利用差异法等。此外，如果亲本间性状差异较大，还可以直接通过选择压力进行筛选。

由于原生质体融合技术具有杂交频率较高、受接合型或致育性的限制较小、重组体种类较多、遗传物质的传递更为完整、易获得性状优良的重组体、有助于提高育种效率等优点，已为国内外微生物育种工作者所广泛研究和应用。

第二节　菌种来源和实验材料及培养基

一、菌种

JHW－3：梭状芽孢杆菌，可降解部分水解聚丙烯酰胺并以其为营养源。

T11：枯草芽孢杆菌，能以原油为生长所需碳源产生鼠李糖脂表面活性剂。

二、主要试剂

聚乙二醇（PEG4000）、甘露醇、溶菌酶、红霉素、卡那霉素、链霉素等生物试剂，均从华美公司购得。

原油：大庆油田采油三厂北2区原油。

HPAM：水解度为24.4%～25.7%，固含量为89%～90.2%，大庆油田助剂厂生产。

三、培养基

1. 完全培养基（CM）

蛋白胨，1g；葡萄糖，1g；酵母粉，0.5g；牛肉膏，0.5g；NaCl，0.5g；蒸馏水，100mL；pH值7.2；0.1MPa灭菌20min；如果要配制固体培养基，添加2%琼脂。

2. 基本培养基（MM）

葡萄糖，0.5g；$(NH_4)_2SO_4$，0.2g；柠檬酸钠，0.1g；$K_2HPO_4 \cdot 3H_2O$，1.4g；KH_2PO_4，0.6g；$MgSO_4 \cdot 7H_2O$，0.02g；蒸馏水，100mL；pH值7.0；纯化琼脂，2g；0.05MPa灭菌30min。

3. 补充基本培养基（SM）

在基本培养基（MM）中加入20μg/mL腺嘌呤，0.05MPa灭菌30min。

4. 再生补充培养基（SMR）

在补充基本培养基（SM）中加入0.5mol/L蔗糖。

5. 单抗再生补充培养基

当SMR灭菌冷却到50～60℃时，加入一定量经过过滤除菌的新霉素溶液，配制成所需浓度的单抗再生补充培养基。

6. 高渗再生培养基（CMR）

蛋白胨，1g；葡萄糖，0.5g；酵母粉，0.5g；牛肉膏，0.5g；NaCl，0.5g；$MgCl_2$，20mmol/L；蔗糖，0.5mol/L；蒸馏水，100mL；pH值7.0；纯化琼脂，2g；0.05MPa灭菌30min。

7. 液体聚合物原油培养基

聚丙烯酰胺，1g/L；原油，5g/L；NaCl，0.5g/L；$(NH4)_2SO_4$，0.1g/L；$MgSO_4$，0.025g/L；$NaNO_3$，0.2g/L；NaH_2PO_4，0.5g/L；K_2HPO_4，1.0g/L；pH值7.2～7.4。

8. 蛋白胨培养基

蛋白胨，10g/L；牛肉膏，5g/L；NaCl，5g/L；pH值7.2～7.4。

四、缓冲液

1. 磷酸缓冲液

先配制 0.1mol/L K_2HPO_4 与 KH_2PO_4 备用，再按体积比 86.8∶13.2 的比例配制成 pH 值 6.0 的磷酸缓冲液，0.1MPa 灭菌 20min。

2. 高渗缓冲液

在磷酸缓冲液中加入 0.8mol/L 甘露醇，0.05MPa 灭菌 30min。

3. 原生质体稳定液（SMM）

0.5mol/L 蔗糖；0.02mol/L $MgCl_2$；0.02mol/L 顺丁烯二酸；pH 值 6.5；0.05MPa 灭菌 30min。

4. 溶菌酶溶液

以酶活为 4000u/g 的溶菌酶用 SMM 溶液配制成终浓度为 2mg/mL 溶液，以 0.2μm 微孔滤膜过滤除菌。

5. PEG4000 促融合剂溶液

含有 40% PEG4000 的 SMM 溶液，0.05MPa 灭菌 30min。

第三节　JHW－3 菌与 T11 菌的原生质体融合实验

一、双亲菌种对抗生素的抗性

将 SMR 灭菌冷却至 50～60℃，加入一定量经过滤除菌的抗生素溶液，配制成所需浓度的含抗生素的再生补充培养基，制作成平板，分别点种新鲜亲本菌液，37℃培养 2d，观察菌落形成情况，判断细菌对抗生素的抗性。

JHW－3 菌与 T11 菌对抗生素的抗性测量结果见表 5－1。由表 5－1 可知，大多数抗生素对两种细菌均具有较强的抗性，只有 JHW－3 对新霉素有一定抗性，两株菌之间不存在着互补抗性。如果两亲本菌之间没有互补抗性，则需要采用诱发突变产生互补抗性，或进行灭活原生质体技术进行融合子的筛选。

表 5－1　JHW－3 菌与 T11 菌的抗生素抗性

菌　种	利福平 1μg/mL	链霉素 5μg/mL	新霉素 5μg/mL	红霉素 1μg/mL	氯霉素 5μg/mL
T11	－	－	－	－	－
JHW－3	－	－	＋	－	－

注：“＋”指具备抗性；“－”指不具备抗性。

二、JHW－3 原生质体的灭活

目前，营养缺陷型标记是常见而准确的选择手段，但它往往会造成亲株的一些优良性状的丢失，同时会造成一些有害突变的出现。灭活原生质体方法的出现为育种工作摆脱遗传标记提供了新的希望和可能，因而受到了广泛的重视。

本实验拟选用紫外线照射灭活 JHW－3 原生质体的方法进行原生质体融合。将融合菌株接种于含有新霉素的平板上时，JHW－3 因被灭活不能生长，T11 也因为受抗生素抑制无法繁殖，所以只有能抵抗新霉素、有活性的融合菌株才能生长。

紫外线灭活方法如下：

取 JHW－3 浓度为 5×10^{7} 个/mL 的原生质体悬液 5mL 倾入无菌的培养皿中，于 20 W 紫外灯下保持 30cm 的垂直距离照射不同的时间，期间每隔 5min 摇动一次。照射完毕，取样镜检原生质体是否破裂或裂解。同时在照射前后取原生质体悬液涂布高渗平板，在 45℃下培养 3d 观察存活情况。在重复操作中必须保证 JHW－3 原生质体悬液浓度的基本一致，并且要尽量保证避光操作，以防出现光复活现象。

三、原生质融合实验过程

1. 菌种准备

为了易于溶菌酶破壁处理，需要将 JHW－3 菌与 T11 菌培养到对数生长期的感受态。实验前，将 JHW－3 菌与 T11 菌接种到 CM 液体培养基中，45℃静置培养到对数生长期，再将培养好的亲本菌液转移入 10mL 无菌离心管中，4000r/min 离心 10min，弃上清液，收集菌体。以 pH 值为 6.0 的磷酸缓冲液洗涤，4000r/min 离心 10min，弃上清液，收集菌体，如此洗涤两次后，将收集的菌体混合于 5mL SMM 中。

2. 破壁前总菌数的测定

取 0.5mL 含有菌体的 SMM 溶液以无菌生理水稀释到 10^{-8}，涂布 10^{-8}、10^{-7}、10^{-6} 各 0.2mL 于营养琼脂平板上，45℃培养 1d，计算破壁前总菌数。

3. 破壁

取 3mL 含有菌体的 SMM 溶液，置于 10mL 无菌离心管中，加入 3mL 溶菌酶溶液，混合均匀，置于一定温度的摇床中保温 120min，分别在 60min、90min、120min 时取样，用相差显微镜检测原生质体形成情况，当 95％以上的菌体形成原生质体时，停止破壁，立即进行剩余菌数的测定。

4. 剩余菌数测定

将经溶菌酶处理的菌体溶液以 4000r/min 离心 10min，弃上清液，收集菌体，以高渗缓冲液洗涤两次，再将菌体分散于 3mL SMM 中。分别取 0.5mL 破壁后的 JHW－3 菌与 T11 菌的 SMM 溶液，以无菌水依次稀释至 10^{-5}、10^{-6}、10^{-7}，涂布 0.2mL 于营养琼脂平板上，30℃培养 1d，计算破壁后的剩余菌数。

5. 原生质体再生率测定

分别取 0.5mL 破壁的 JHW－3 菌与 T11 菌的 SMM 溶液，以 SMM 溶液依次稀释至 10^{-5}、10^{-6}、10^{-7}，涂布 0.2mL 于再生补充培养基平板上，45℃培养 2d，计算破壁后的原生质体再生数。

6. 原生质体融合

各取 1mL JHW－3 菌与 T11 菌的原生质体稳定液（JHW－3 菌原生质体先经紫外线灭活），置于 10mL 离心管中，混合均匀。然后于 30℃培养箱中保温 5min，2500r/min 离心 10min，弃上清液，收集菌体。立即加入 0.2mL SMM 溶液，1.8mL 促融合剂溶液，混合均匀，置于 45℃培养箱中保温 5min。2500r/min 离心 10min，弃上清液，收集菌体，加入 2mL SMM 溶液，混合均匀。以 SMM 溶液依次稀释至 10^{-4}、10^{-3}、10^{-5}，涂布 0.2mL 于单抗再生补充培养基平板上，45℃培养 2d，观察融合子生长情况。

7. 融合子的挑选、传代、稳定性考察

从双抗性再生补充培养基平板上挑取形成的融合子，转接到含有 50mL 液体蛋白胨培养基中，45℃培养 2d。取 1mL 转接入聚合物蔗糖溶液的试管中，45℃培养 2d，检测聚合物黏度降低的情况。从聚合物黏度明显降低的试管中接种 1mL 菌液到含有原油蔗糖溶液试管中，置于 45℃恒温水浴中，摇床培养 2d，观测生物表面活性剂的产生情况以及原油黏度的变化。将各种性能均较强的菌株转接到 CM 培养基斜面保存，再转接到液体蛋白胨培养基中，重新置于 45℃恒温水浴中培养，检测各种性状，以考察其稳定性。如此反复进行几代转接传代，最终得到遗传性能稳定的融合菌。

四、制备和再生有关指标的确定

取上述各菌株酶解前后的悬液作同样梯度的稀释，涂布普通琼脂和高渗琼脂平板，置于合适的温度下培养 2d，计数。利用血球板计数器于显微镜下直接观察和计数，同时按常用方法即平板活菌计数法，结合公式计算各个菌株相应的原生质体的形成率和再生率。

$$原生质体形成率 = (A - C) \div A \times 100\%$$

$$原生质体再生率 = (B - C) \div (A - C) \times 100\%$$

式中 A——破壁前菌落数；

B——破壁后高渗液适当稀释涂布高渗平板菌落数；

C——破壁后无菌水稀释 20 倍，静置 20min 后在完全培养基上生长的菌落数。

五、融合条件对原生质体形成及融合的影响

原生质体再生是一个十分复杂的过程，人们至今对它仍了解甚少。据一些学者认为，若原生质体的细胞壁在制备时消除不太彻底，则有助于细胞壁的再生。该残留的细胞壁正如结晶时的“晶种”一样，大量试验亦证明，破壁太彻底往往会引起原生质体再生率的大幅降低。影响再生的因素主要有菌种本身的再生特性、再生培养基成分、再生培养条件等。由于影响原生质体形成和再生的因素相互关联，故选取适合的融合条件就相当关键，尤其是原生质化时的酶解温度和酶浓度对原生质体的形成和再生率的影响最大。

1. 菌体的培养时间

为了使细胞易于原生质化，一般选择对数生长期的菌体。因为这时的细胞正在生长，代谢旺盛，细胞壁对酶解作用最为敏感。由此得到的原生质体形成率高，再生率也高。因此，本文所用原生质体均由培养 12～24h 时的菌体制成。

2. 破壁处理时的 pH 值

我国学者在制备青霉菌原生质体时发现自然 pH 值（6.2～7.0）和 pH 值为 4.5 对原生质体产量无明显区别；对于酵母菌，pH 值多采用 5.5～7.0 之间。而细菌的 pH 值同真核生物细胞相比略高一些，通常为 7.5～8.5，本实验采用的 pH 值为 8.0。

3. 温度对菌株原生质体制备的影响

温度对酶解作用有双重作用：一方面随温度的升高，酶解反应速度加快；另一方面随温度的增加，酶蛋白逐渐变性而使酶失活。因此最适合温度是这两种效应的共同结果，而

且酶解温度对原生质体再生影响很大。细菌一般采用35～45℃温度，霉菌和酵母菌的降解温度略低。

本实验原生质体制备时采用的酶解温度为30～50℃，酶液浓度为1.0mg/mL，反应1h。在此范围内原生质体形成和再生的情况如图5－1。

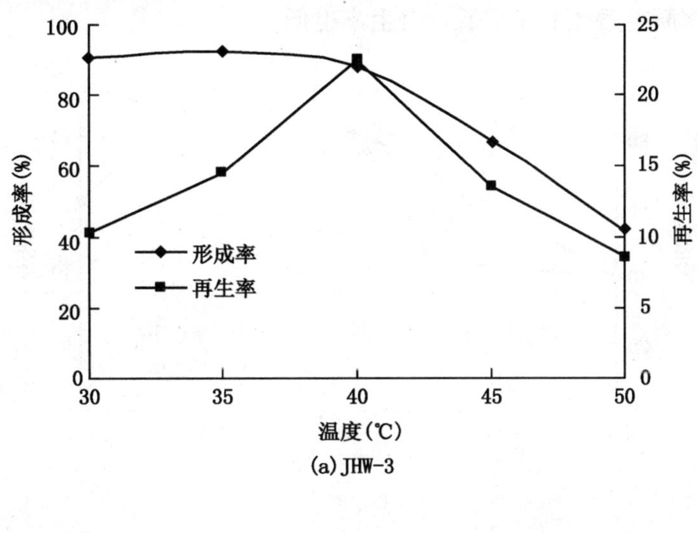

(a) JHW-3

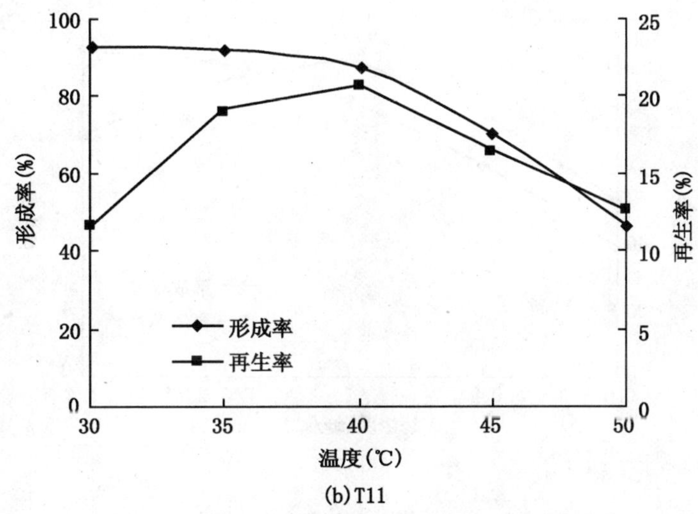

(b) T11

图5－1　温度对原生质体形成率和再生率的影响

由实验结果可以看出，温度过高或过低均对原生质体的再生不利，JHW－3在40℃时原生质体形成率虽然较35℃略有下降，但再生率却大幅度提高，因而JHW－3在40℃时酶解是很理想的。对于T11菌株，原生质体形成率的变化规律同JHW－3类似，但最适再生温度略低，大约为39℃。

4. 酶浓度对原生质体制备和再生的影响

由图5－2可见，经最适温度下不同的酶浓度的比较实验，酶浓度在0.6～1.4mg/mL范围内，随着浓度的提高，形成率一直提高；当浓度达到1.4mg/mL时，两株细菌的原生质形成率都超过96%，但再生率则先增大后减小；在酶浓度为1.0mg/mL和1.2mg/mL时，T11和JHW-3的再生率分别达到最大值。所以浓度为1.0～1.2mg/mL时T11和JHW-3的原生质体形成率和再生率比较理想，当酶的浓度太高时，会因为酶对细胞膜的作用而造成损伤，从而使再生率下降；而如果酶浓度太低，则对细胞壁脱除太少，不利于原生质体的形成，原生质体形成率低，再生率也低。

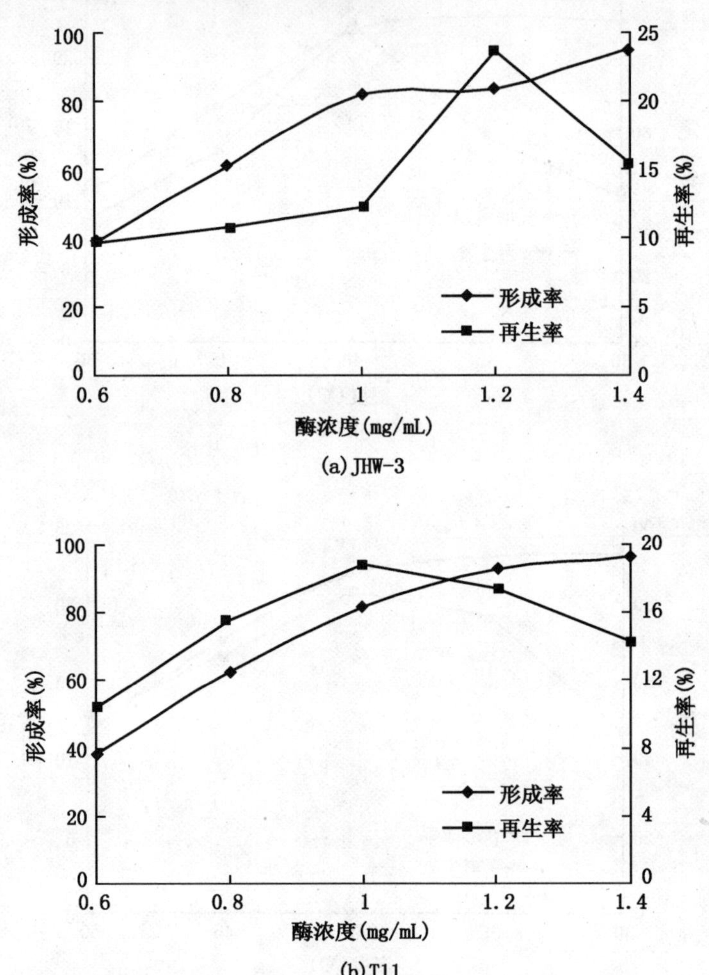

图5-2　酶浓度对原生质体形成率和再生率的影响

5. 酶解时间对原生质体制备和再生的影响

在实验过程中，在最适温度下、以最适浓度的溶菌酶进行破壁，并考察了溶菌酶处理时间为40～120min时，对原生质体形成与再生的影响，结果见图5-3。

由图5-3所示结果可知，溶菌酶对两亲本菌细胞壁具有明显的分解作用，当溶菌酶处理时间较短时，菌株的原生质体形成率较低，原生质体形成不完全，不利于融合。随着酶处理时间的延长，细胞的破壁率提高，但过高的破壁率并不有利于融合。因为溶菌酶处理时间过长，原生质体脱壁太完全，对细胞的损害越大，形成的原生质体破裂致死的机率也越大。所以，当酶处理时间超过80min和100min时，T11和JHW-3的再生率开始

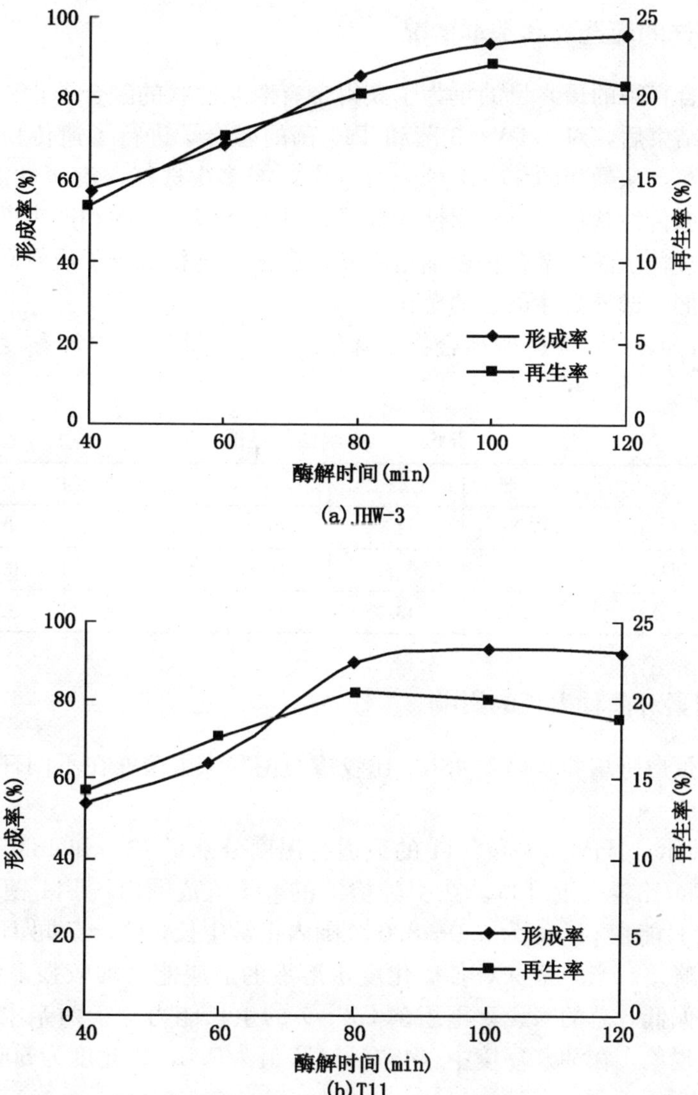

图 5-3 酶解时间对原生质体形成率和再生率的影响

有所下降，但由于此时 T11 和 JHW-3 的原生质体形成率都较高，所以对融合仍是有利的。

第四节 融合子双亲性能的表达与遗传稳定性

一、菌种作用于聚合物和原油的实验过程

将融合子接种蛋白胨培养基培养 48h 后，经 4000r/min 离心 30min，弃上清液，用 pH 值为 7.2 的磷酸缓冲液稀释沉淀菌体制成菌液。以 5%比例菌液接种添加了蔗糖的液体聚合物原油培养基，45℃、pH 值为 7.0 条件下培养 7d，然后测定各种聚合物和溶液指标。

二、重组菌株的筛选及其基本情况

原生质体融合育种的最终目的是为了获得带有双亲性状的融合子，以实现双亲性能的优势互补。融合结束后，对 JHW－3 菌和 T11 菌的融合子进行了遗传稳定性、代谢性能及环境适应性考察，从最初的 370 多株融合子中，经多次选择，淘汰性能不稳定的菌株，最终获得了 5 株遗传性状稳定、代谢性能优异、具有降解聚合物和产表面活性剂活性的重组菌株融合菌。接种至液体聚合物原油培养基，以聚合物相对分子质量和培养液表面张力的降幅为筛选依据，选择活性最强的菌株。

由表 5－2 可知，CZ－7 降解聚合物、降低溶液表面张力和原油黏度的能力最强，故选其为实验菌种。

表 5－2　重组菌的性能

参　数	对　照	CZ－2	ZH－4	ZH－21	CZ－7	JY－1
聚合物相对分子质量（$\times 10^6$）	17.8	0.5	0.8	1.1	0.6	1.3
表面活性剂产量 OD_{480}	—	0.51	0.61	0.45	0.66	0.58
原油黏度（mPa·s）	57.3	43.7	42.7	37.8	32.4	35.1

三、环境因素对菌种生长的影响

将菌种接入蛋白胨培养基培养 48h，比较重组菌和亲本菌株在不同环境条件下的生长情况，结果见图 5－4。

由图 5－4 所示，JHW－1 和 T11 的最适合温度分别是 42℃和 48℃，而 CZ－7 的最适合温度为 47℃，比较接近 T11。在实验检测的 pH 值范围内，T11 菌的浓度变化较平稳，而 JHW－1 只能在 pH 值为 6.0～8.0 范围内正常生长；CZ－7 同 JHW－1 相似，但其整体生长水平略差。亲本菌株对各矿化度水溶液的适应能力均较强，但 CZ－7 对高矿化度的耐受能力偏低。总的来说，重组菌 CZ－7 的生长能力介于两亲本菌株之间，没有明显生长受抑制现象，在油藏环境中（45℃，pH 值为 7.0，矿化度为 5000～10000mg/L）能正常生长。

四、外来营养物质种类对重组菌种的作用

在液体聚合物原油培养基中添加 2.0g/L 的外来营养物质，接入菌种，45℃培养 5d，检测培养液的变化。

由表 5－3 可知，对照样品中 CZ－7 浓度明显升高，表明菌种可以利用聚合物和原油为营养源生长繁殖，同时使聚合物相对分子质量和溶液表面张力降低。而且，实验结果也证明 JHW－3 和 T11 分别具有降解聚合物和代谢表面活性剂的能力。

实验所用菌种在以聚合物和原油为唯一营养源时活性都不高，为增强菌种活性，需要向培养液补充其他营养物质。无机氮源（硝酸铵）对 CZ－7 和 JHW－3 降解聚合物的能力影响不大。不过因为 T11 可以适当利用原油烃类为所需碳源，当补充无机氮源后，即可适当增强 T11 产表面活性剂的能力，重组菌 CZ－7 也获得了这样的特性。而有机氮源（酵母粉）能全面提高各菌种的生理活性，显著降低聚合物相对分子质量和溶液表面张力。

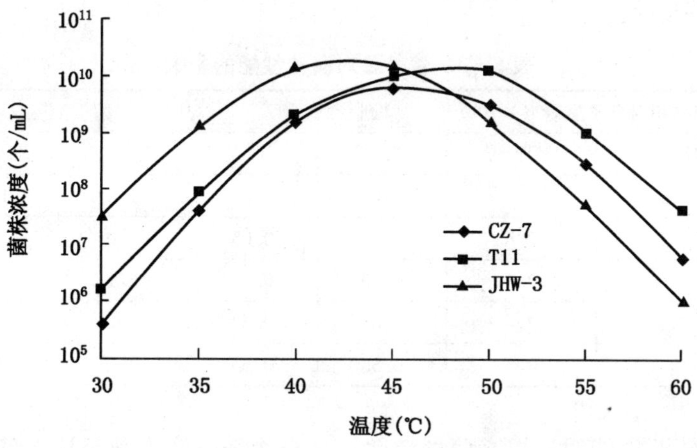

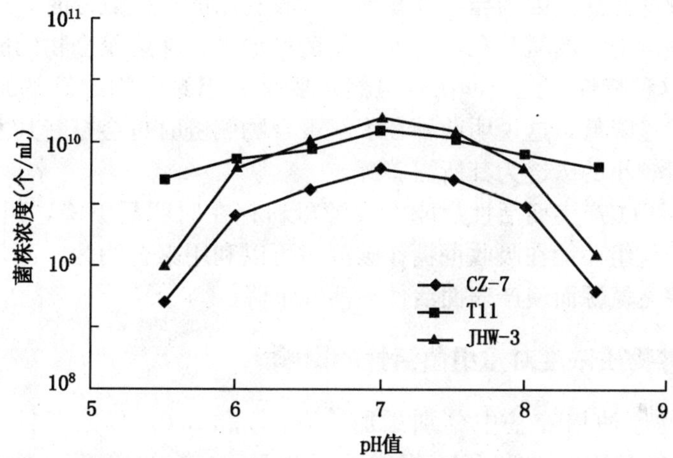

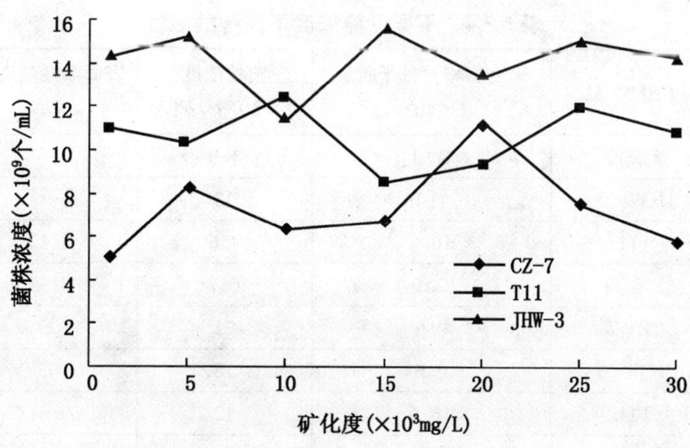

图 5－4　环境因素对菌株浓度的影响

这是由于酵母粉能同时提供氮源和碳源，会显著促进微生物繁殖，使菌株浓度显著提高，更利于其发挥生物活性。

表5-3 营养源对菌种性能的影响

项目	聚合物相对分子质量（×10⁶）		糖脂含量 OD_{480}		菌株浓度（×10⁷个/mL）		
	CZ-7	JHW-3	CZ-7	T11	CZ-7	JHW-3	T11
反应前	18	18	0	0	1.0	1.0	1.0
对照	7.3	7.5	0.07	0.05	4.2	1.8	2.3
硝酸铵	7.0	7.3	0.13	0.14	5.1	2.0	4.1
酵母粉	2.7	2.4	0.61	0.63	86	112	120
蔗糖	0.5	0.5	0.58	0.54	24	31	11

蔗糖等有机碳源也能明显提高菌种活性，聚合物降解能力甚至比在酵母粉中更强，而菌株浓度却明显降低。这是因为当不存在易于吸收利用的有机氮源时，JHW-3生长所需氮源主要为聚合物侧链上的氨基氮，这就促使菌种加强了降解聚合物的能力，CZ-7则继承了JHW-3的这种特性。此外，菌种虽然主要是利用聚合物的氨基氮，但聚合物的相对分子质量仍有明显降低，这说明菌种在水解聚合物侧链时也会打断其主链使其降解，并吸收相对分子质量较小的碳链为其所需碳源。

蔗糖存在时，T11产表面活性剂能力较酵母粉存在时明显下降，但CZ-7的降幅相对较小。这是由于重组菌能在吸收蔗糖作碳源时可以利用聚合物为氮源，继续保持较高活性，T11则会因缺乏氮源而使产表面活性剂活性下降。

五、不同营养物质浓度对重组菌活性的影响

在液体聚合物原油培养基中分别添加1.0g/L和5.0g/L的蔗糖，接入JHW-3、T11、CZ-7，以及JHW-3和T11组成的复合菌，45℃培养7d，检测培养液的变化，结果见表5-4。

表5-4 不同蔗糖浓度下菌种的活性

蔗糖浓度（g/L）	检测样品	聚合物相对分子质量（×10⁶）	菌株浓度（×10⁷个/mL）	表面活性剂产量 OD_{480}	原油黏度（mPa·s）
1.0	反应前	18.1	1.0	—	65.2
	JHW-3	1.4	13	—	64.4
	T11	16.6	4.6	0.42	51.6
	复合菌	2.1	8.7	0.35	52.8
	CZ-7	0.6	21	0.56	40.3
2.0	JHW-3	0.5	18	—	64.6
	T11	16.6	12	0.51	44.8
	复合菌	1.3	17	0.47	48.8
	CZ-7	0.6	32	0.58	39.5

续表

蔗糖浓度(g/L)	检测样品	聚合物相对分子质量(×10^6)	菌株浓度(×10^7个/mL)	表面活性剂产量OD_{480}	原油黏度(mPa·s)
5.0	JHW-3	0.5	41	—	64.1
	T11	16.8	17	0.56	46.4
	复合菌	1.1	22	0.53	48.5
	CZ-7	0.5	28	0.61	42.8

表5-4中结果表明，在蔗糖浓度为5.0g/L时，重组菌的各项生理活性同其亲本相应指标相比变化不明显，这表明它基本保留了亲本菌株的活性。并且实验后原油黏度明显降低，说明CZ-7能像T11一样降解原油。由于不存在营养竞争关系，重组菌活性超过了两亲本的简单复合。蔗糖的浓度降为1.0g/L时重组菌活性的变化不大，但亲本菌株和复合菌的活性则因营养物质不足而明显降低。这说明两亲本菌株在重组后其营养利用范围更宽，对外来营养源要求更低，因此也更具竞争力。

六、菌种稳定性

对原生质融合，无论何种方式何种手段，都会产生两种情况：一种是真正的融合，即产生杂合二倍体或单倍重组体；另一种是暂时的融合，形成异核体。两者均可在再生培养基上生长。二者的最大区别是：前者稳定，后者不稳定，而且后者在传代过程中会分离成亲本类型，有的甚至能以异核状态移接几代。所以要获得真正的融合子，必须对融合子进行遗传稳定性实验检测，以便得到稳定的重组体。

对CZ-7反复传代，检验菌种活性的变化。表5-5所示结果表明，菌种在传10代后各项能力变化不大，不过在30代后整体活性有所降低。这说明菌种的性状基本稳定，但仍需尽量减少传代次数。

表5-5　菌种传代次数对其性能的影响

项　目	聚合物相对分子质量(×10^6)	菌株浓度(×10^7个/mL)	原油黏度(mPa·s)	表面张力(mN/m)
实验前	17.8	1.0	56.5	59.1
1代	0.6	26	32.4	30.1
10代	0.8	18	34.2	30.8
30代	1.5	11.5	39.7	34.1

第五节　小　　结

(1) JHW-3对新霉素有抗性，将其灭活后，与T11进行原生质体融合。其中，JHW-3的最适酶解条件为40℃，1.2mg/mL溶菌酶，反应100min；T11的酶解条件为39℃，1.0mg/mL溶菌酶，反应80min。二者经融合而得的融合子CZ-7的生长条件同其亲本没有明显差别。

（2）45℃，pH 值为 7.0 条件下，在聚合物原油培养基中添加 1.0mg/mL 蔗糖时，接种 CZ－7 培养 7d，可使聚合物相对分子质量从 18×10^6 降至 0.6×10^6，相对分子质量分布由 $10^6\sim10^7$ 降至 $10^3\sim10^6$。溶液表面张力由 57.7mN/m 降至 28.6mN/m；原油黏度由 55.2mPa·s 降至 30.3mPa·s。重组菌的活性整体上要超过两亲本菌株组成的复合体系。

第六章　聚合物驱后油藏实用菌种的构建与性能的检测

通过原生质融合技术成功地构建了能改善原油物性并且降解聚合物的重组菌 CZ－7，而且该菌种的性能及其他生理特征同其亲本差别不大。不过由于菌种的基因发生改变，所以还会在营养利用、环境适应性等生理特性方面发生改变，需要进一步检测。并且重组菌株在多孔介质中能否正常生长、发挥其生理活性仍是疑问，需要利用物理模型实验进行测定。

第一节　复合采油菌种的构建

一、基本实验方法

1. 菌种来源和实验材料及培养基

原油：大庆油田采油三厂北 2 区原油。

HPAM：水解度为 24.4%～25.7%，固含量为 89%～90.2%，大庆油田助剂厂生产。

液体聚合物原油培养基：聚丙烯酰胺，1g/L；原油，5g/L；NaCl，0.5g/L；$(NH_4)_2SO_4$，0.1g/L；$MgSO_4$，0.025g/L；$NaNO_3$，0.2g/L；NaH_2PO_4，0.5g/L；K_2HPO_4，1.0g/L；pH 值为 7.2～7.4。

蛋白胨培养基：蛋白胨，10g/L；牛肉膏，5g/L；NaCl，5g/L；pH 值为 7.2～7.4。

CZ－7：实验室自行制备的基因重组菌种，具有降解聚合物、原油，以及产表面活性剂的能力。

JHW－1、JHW－3、JJF、JJH、T11：实验室保藏的具有降解聚合物功能或代谢表面活性剂能力的菌种。

2. 菌种作用于聚合物和原油的实验过程

将菌种接种蛋白胨培养基培养 48h 后，经 4000r/min 离心 30min，弃上清液，用 pH 值为 7.2 的磷酸缓冲液稀释沉淀菌体制成菌液。以 5%比例菌液接种灭菌后的液体聚合物原油培养基，45℃、pH 值为 7.0 条件下培养 7d。分离原油，并按照本书第二章方法提纯聚合物，然后测定各种聚合物、原油和溶液指标。

3. 培养液各类指标的测定

原油黏度：以 Broolfield Digital Viscometer 黏度计测量。

聚合物相对分子质量：测定聚合物黏度和水解度，以公式（3－1）计算得出。

表面活性剂含量：将培养液稀释 20 倍，同苯酚在浓硫酸条件下反应，测定 OD_{480}。

二、菌种组合的比较

将表面活性剂代谢菌（T11）同其他聚合物降解菌按照表 6－1 复配，比较各复配菌改善聚合物及原油性状的能力，结果见表 6－2。

表 6-1　6 种复配菌种的组合方式

组　合	组合方式
组合 1	JHW-1、JHW-3、JJF、JJH、T11、CZ-7
组合 2	JHW-1、JHW-3、JJF、JJH、CZ-7
组合 3	JHW-3、JJF、JJH、T11、CZ-7
组合 4	JHW-3、JJF、JJH、CZ-7
组合 5	T11、CZ-7
组合 6	JHW-1、JHW-3、JJF、JJH、T11

表 6-2　6 种复配菌种的性能

项　目	聚合物相对分子质量（$\times 10^6$）	菌株浓度（$\times 10^7$个/mL）	原油黏度（mPa·s）	表面活性剂产量 OD_{480}
反应前	18.1	1.0	65.2	0
CZ-7	0.63	21	40.3	0.60
组合 1	0.38	24	37.5	0.65
组合 2	0.30	20	47.3	0.56
组合 3	0.34	26	36.2	0.66
组合 4	0.27	24	45.7	0.55
组合 5	0.58	19	34.5	0.64
组合 6	1.14	14	49.4	0.42

可以看出，组合 1 和组合 3 之间、组合 2 和组合 4 之间没有明显差别，这说明在 CZ-7 存在的情况下，JHW-3 存在与否对菌种性能没有根本性影响。为简化实验操作，故暂将组合 1 及组合 2 排除。当不存在 JHW-3、JJF 和 JJH，CZ-7 为唯一的聚合物降解菌时，因缺少其他聚合物降解菌的辅助，故其降解能力较差。而如没有 CZ-7，复合菌种的整体性能就会明显下降，甚至不如单独使用 CZ-7 时的性能。这主要是由于营养条件的制约，菌株较多时营养竞争也更激烈，相对而言重组菌更能适应较差的营养环境。总的来看，组合 3 在各方面的性能为各复合菌种中最佳，7d 后可将聚合物相对分子质量、原油黏度分别降至 0.34×10^6、36.2mPa·s，表面活性剂产量也明显升高，明显超过单独使用 CZ-7 时。虽然组合 3 由 5 株菌组成，但营养竞争情况不严重，细菌总浓度仍达到 26×10^7个/mL。

三、硝酸铵影响的判断

由于组合 3 中包含 T11，它需要硝酸铵增强其活性，所以需要检测硝酸铵对组合 3 的影响。以蔗糖和硝酸铵为因素，各设 3 个水平，判断硝酸铵对组合 3 的作用是否显著，并确定蔗糖的浓度，结果见表 6-3。

表 6-3　硝酸铵含量对菌种活性的影响

硝酸铵浓度（g/L）	聚合物相对分子质量（$\times10^6$）	原油黏度（mPa·s）	表面活性剂产量 OD_{480}
0	0.39	35.5	0.63
0.5	0.37	36.8	0.67
1.0	0.31	36.7	0.65
F 比	1.58	0.57	0.39

注：$F_{0.05}$（2,6）=5.14。

经单因素显著性分析，三项指标的 F 比均小于 $F_{0.05}$（2,6），这表明硝酸铵对菌种的三项指标的影响都不显著。这可能是因为重组菌的存在能对 T11 有促进作用，减少了对氮源物质（硝酸铵）的依赖性。

四、菌株浓度及性能的时间变化曲线

用平板稀释法检测组合 3 中 CZ-7 浓度和各菌总浓度，以及组合 6 中各菌株浓度的变化，并比较组合 3 和组合 6 在培养过程中培养液的各类性质。结果见图 6-1 和图 6-2。

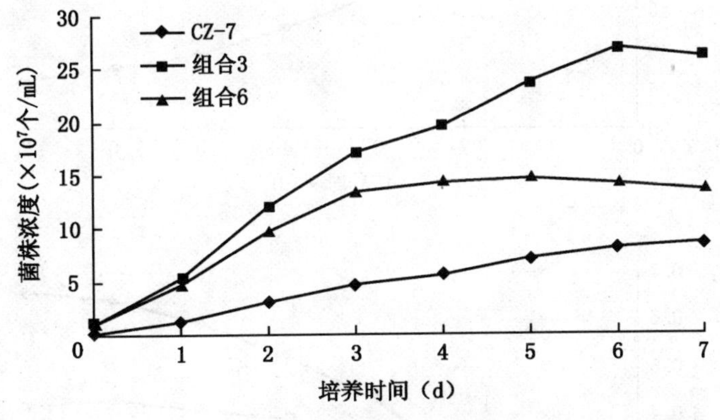

图 6-1　菌株浓度的变化

由图 6-1 看出，组合 3 复合菌在经过 3d 的快速生长后，从第 4 天开始速度减慢，直到第 6 天基本达到最大值。而在此期间 CZ-7 的生长始终较旺盛，到反应结束时 CZ-7 所占比重已明显超过反应前。这主要是因为蔗糖是较容易利用的营养物质，所以各菌株在初期生长迅速。而蔗糖浓度因菌株吸收而降低后，CZ-7 因能同时利用聚合物和原油，在低糖条件下仍能很好地适应环境；而其他菌株此时适应能力差，所以其生长相对滞后。

其实 CZ-7 不单只是自身的适应能力强，还能提高其他菌株的生长能力。由图6-2 还可看出，组合 6 在快速生长期结束后，速度就明显低于组合 3，到第 5 天就基本停止生长，其最终浓度仅为后者的一半。这说明重组菌能够提高复合菌中其他菌株的适应性，并且利用自身的生理作用为它们提供其他易于吸收的营养源，使其最终浓度增大。

由图 6-2 所示结果可见，聚合物相对分子质量、原油黏度和溶液表面张力的变化规律与菌株浓度变化规律相似：组合 3 的各组指标在前 6 天的降低速度没有明显变化，组合 6 各值则在第 4 天就基本稳定。相对而言，两种复合菌对聚合物相对分子质量作用效果的

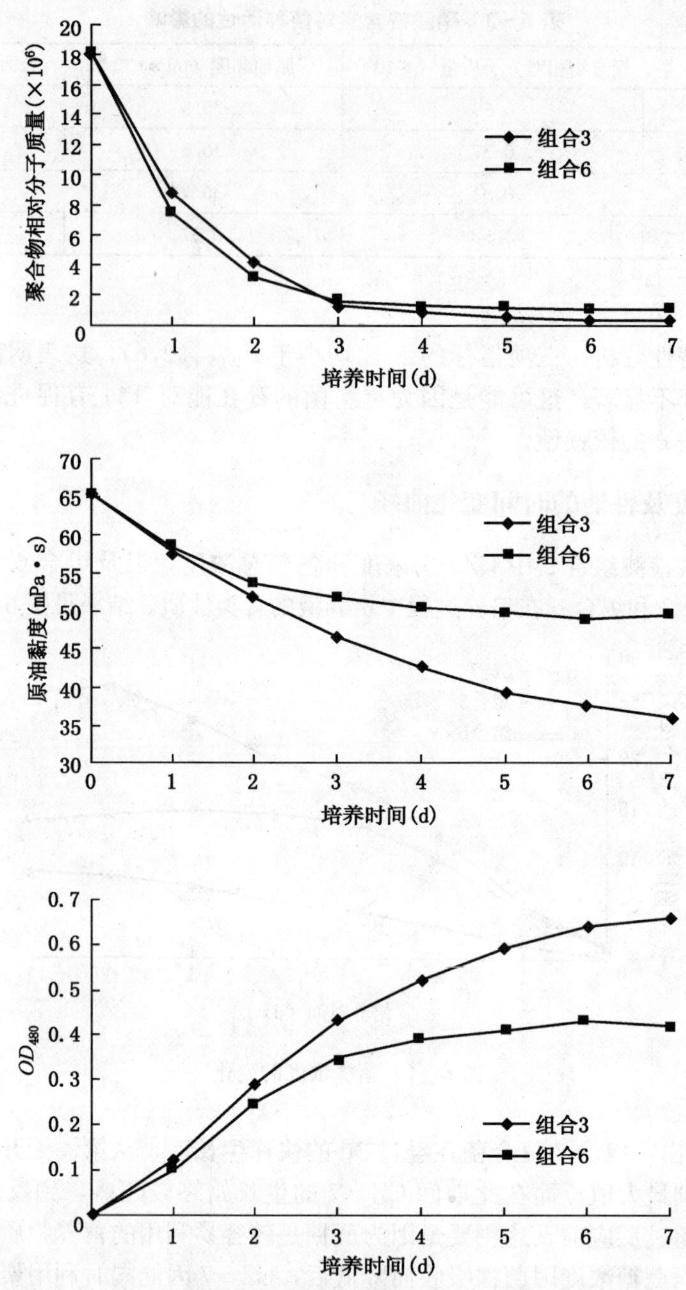

图 6-2　聚合物相对分子质量、原油黏度、表面活性剂产量的变化

差别最小，而对表面活性剂产量的作用效果差别最大。

五、重组菌辅助能力成因的推测

以组合 3 接种含 1g/L 蔗糖的聚合物原油培养基，培养 7d。实验结束后除去未乳化原油，并离心除去细菌，将剩余培养液以 1∶3（体积比）的比例同新的蔗糖聚合物原油培养基混合，接种组合 6，培养 7d，记录每天培养液的变化，结果见图 6-3。

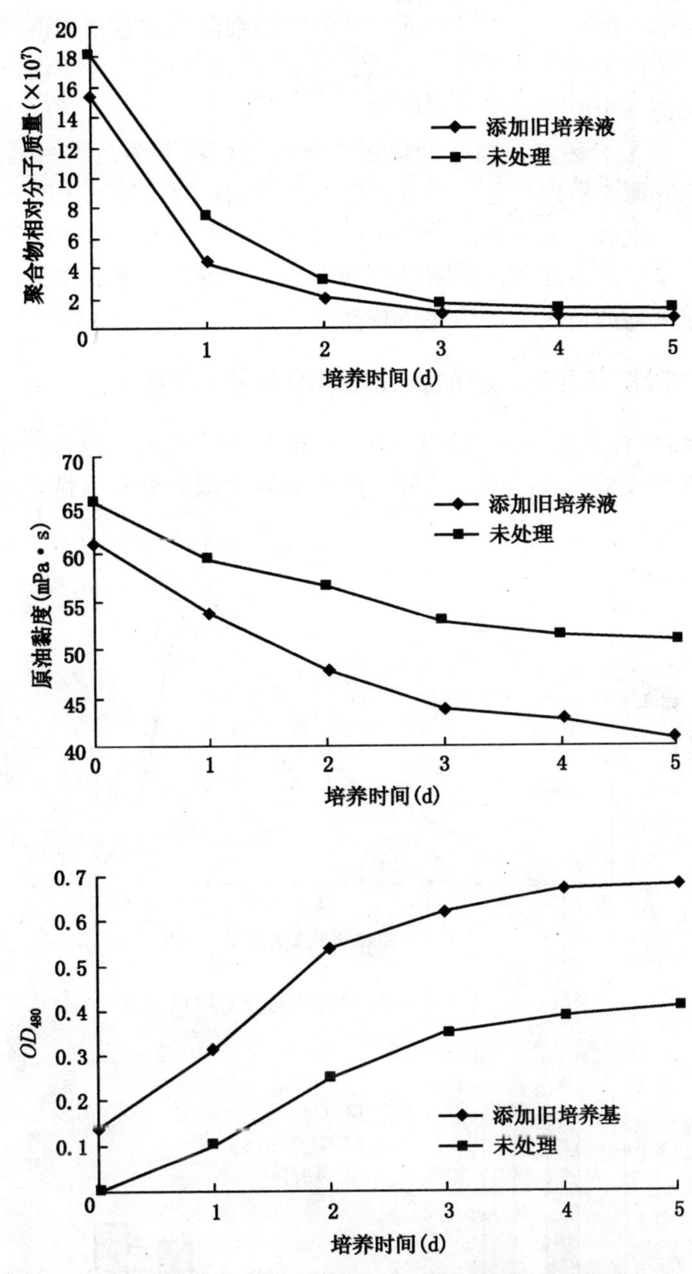

图 6-3　投加低分子聚合物和表面活性剂后菌种性能变化曲线

由实验结果（图 6-3）发现，在加入了旧培养基后，不但聚合物相对分子质量和原油黏度的初始值有所降低，而且各值在反应初期下降速度更快。到反应结束时，溶液表面活性剂含量的增量也远大于反应初期。原因主要有两方面：一方面，旧培养基中含有大量已经被降解的小分子聚合物，它们易于吸收，能够使聚合物降解菌更快适应以聚合物为营养源的生长方式，进而加速降解聚合物。另一方面，培养基中的表面活性剂能使原油形成乳状液，资料表明当溶液表面张力降低时能明显加速细菌吸收、降解原油的速度，其机理主要有：更易于吸附在界面张力较低的油水界面上；表面活性剂形成的胶束可使原油形成微乳液，它能直接进入细菌的细胞；表面活性剂能使细菌的细胞壁变得更加亲油，也就更易于进入油滴中。所以表面活性剂可明显提高原油降解菌的适应性并促进生长，其自身产生的表面活性剂又进一步使自己加快降解原油。

重组菌 CZ－7 对复合菌其他菌株的促进作用机理可推断为：重组菌由于能同时利用聚合物和原油为营养源，所以当蔗糖经过初期的大量消耗而迅速减少时，重组菌仍能继续高效降解聚合物并产生表面活性剂。所产生的大量低分子聚合物碳链可进一步促进聚合物降解菌的生长，而大量的表面活性剂则使原油降解菌利用原油更加容易。这样，所有菌株都可在蔗糖被大量消耗的情况下仍然保持较高的活力。

六、复配菌种降解聚合物、驱油和乳化原油能力的检测

检测 CZ－7 和组合 3 复合菌作用后聚合物相对分子质量的分布、原油的牛顿指数、黏度变化量、提高采收率指数，以及菌种所产表面活性剂的乳化活性，结果见图 6－4 至图 6－6。

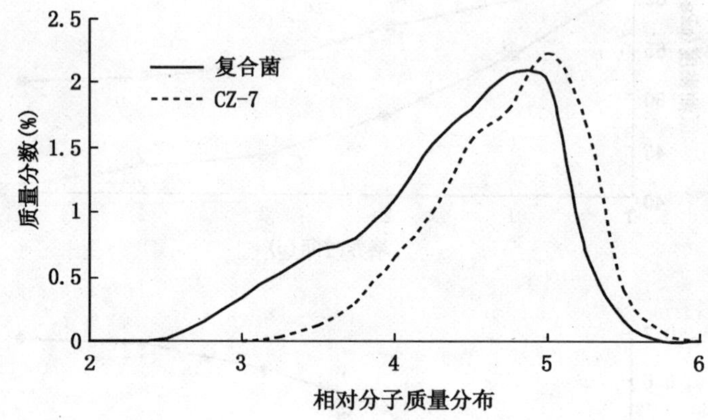

图 6－4　聚合物降解后的相对分子质量分布

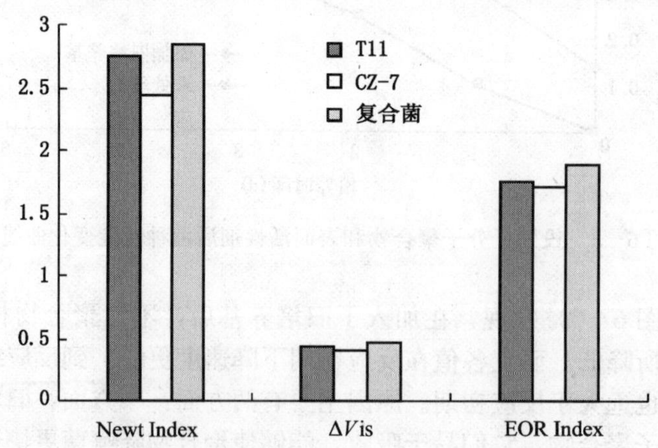

图 6－5　牛顿指数（Newt Index）、黏度变化量（ΔVis）、提高采收率指数（EOR Index）各项参数

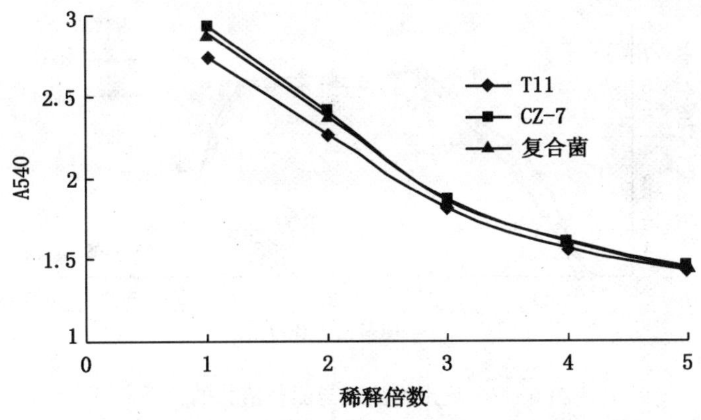

图 6-6　不同稀释度的发酵原液乳化活性测定值

从图 6-4 至图 6-6 中数据可见，组合 3 重组菌及复合菌仍能明显降解聚合物，聚合物相对分子质量分布范围也较宽。重组菌作用后原油的牛顿指数、相对黏度变化量参数和提高采收率指数虽低于 T11，但差距不大，而复合菌作用后各项指数均略有升高。这说明了经过基因改造和菌种复配后，潜在的增加采收率指数不会明显低于亲本菌株（T11），甚至更高。菌种所产表面活性剂的乳化活性特点类似，而重组菌的乳化活性甚至还高于 T11。

由以上实验可知，组合 3 复合菌降解聚合物、产表面活性剂、降解原油、潜在驱油能力均明显强于其他组合方式的复合菌以及重组菌 CZ-7，可以作为备选的聚合物驱后油藏驱油菌种，将其命名为 ZH-3。

第二节　物理模拟实验

物理模拟实验（以下简称物模实验）是在模拟油藏条件下，运用岩心多孔介质模型，进行模拟油田开发和提高原油采收率的驱替实验，以获取驱油剂的采收率值，是评价驱油效果不可缺少的手段，也是研究驱油机理的主要方法。因此，在微生物驱油机理研究项目中，开展了系统的物模实验，不仅为数值模拟提供了物模参数，同时为矿场应用提供了实验依据。

一、微生物在多孔介质中的运移实验

在填砂管模型中装入搅拌均匀的地层原油（饱和度为 25%）、聚合物水溶液（500mg/L，饱和度为 15%）和油藏砂，制作成填砂管岩心模型。岩心和实验流程整体在位灭菌。实验前模型抽空饱和油藏产出水，接入实验流程。实验时首先将 ZH-3 原菌液注入岩心模型，在模型出口处按一定孔隙体，以不同驱替速度驱替，连续监测产出液中菌株的浓度，至菌株浓度基本不再明显变化为止。然后转为注入水驱替菌液，至菌株浓度变化不大时结束实验，结果见图 6-7。

模型出口流出菌株浓度随着注入量增加而提高，当以 5m/d 速度驱替，流出量达 2.7PV 时；以 20m/d 速度驱替，流出量达 2.4 PV 时，出口浓度接近模型入口浓度，且保持稳定。再恢复注入水驱后，菌液随注入水从多孔介质中流出，菌株浓度随之降低，当累

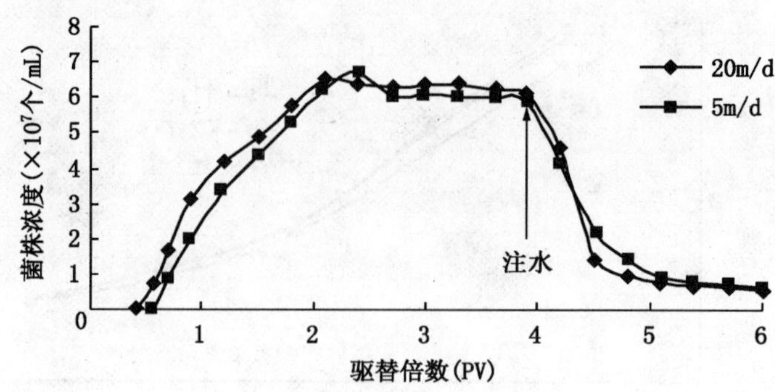

图 6-7　流出物浓度与驱替倍数的关系

计流出量达 4.8PV（20m/d）和 5.1 PV（5m/d）时，菌株浓度降低至 8×10^6个/mL，且保持稳定。

结果表明：驱替菌液量达 2.6～2.8PV 后，菌产出才达到平衡，说明菌液在岩石表面有较强的吸附现象；两个驱替速度见菌点的驱替液量仅差 0.2PV，说明驱替速度对菌液的吸附平衡所需要的量影响不大；在水驱替量达到结束实验的 6 PV 时，仍有菌可监测到，菌株浓度曲线拖了一个菌株浓度不为零的尾，这也说明菌的吸附特性。

菌液的运移有三种方式：

(1) 在驱替压力下，随着菌液或注入水在多孔介质中渗流；

(2) 菌体自身的摆动或转动；

(3) 菌体趋向性运移，即菌体向培养基或剩余油饱和度高的方向运移。

本次运移实验仅观察到第一种运移方式，监测菌株浓度时，在显微镜下观察到菌体的自身运动。

二、微生物在多孔介质中的生长实验

生长实验分两组进行。第一组做摇床实验，用培养基将 ZH-3 原菌液稀释 10%（菌株浓度为 3×10^7个/mL），分别置于 4 个锥形瓶中，每个瓶中的培养液体积为 150mL。其中 2 个锥形瓶中放置油藏岩心砂 100g，模拟松散的多孔介质；另外 2 个锥形瓶则只用培养基培养菌。接种前的样瓶均经过无菌处理，每瓶的接种量相同，接种后用胶塞密封，在水浴 45℃摇床上恒温振荡培养，每天取样检测菌株浓度，达到稳定后实验结束。

实验结果见图 6-8。结果表明：在第 1 天的检测中，含有地层砂瓶中菌株浓度不但没有增加，反而较基值偏低，这是油藏砂对菌的吸附作用；在随后的检测中，两种培养方式菌株浓度基本平行增长，但在含有地层砂的培养基中，菌的生长明显滞后约 1～2d，但最终浓度相同，说明地层砂的存在不影响菌株的最终浓度。菌株浓度最终在第 7～8d 时稳定下来，即达到生长平稳期。

第二组选取圆柱短岩心（直径为 2.5cm，长 10cm），抽真空饱和原油和地层水，聚合物溶液水驱 2PV 至压力稳定后，往模型中注入浓度为 10%的 ZH-3 菌液。密封模型两端，放置于 45℃。恒温箱中 14d 后恢复水驱时，从模型出口端取样监测菌株浓度，观测 ZH-3 菌在多孔介质中生长情况。生长前后的菌株浓度见表 6-4。

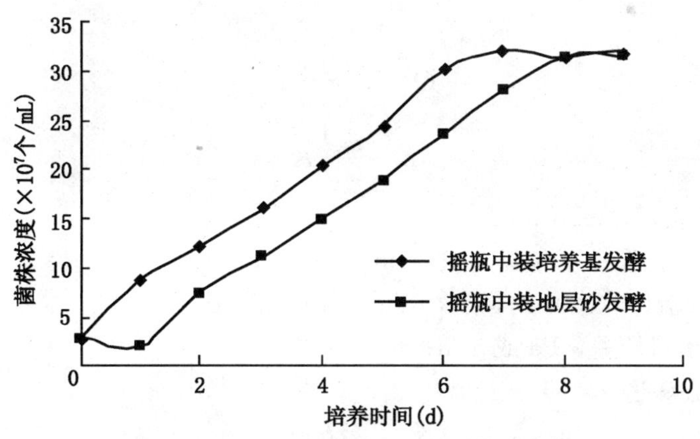

图 6－8　菌株浓度与发酵时间的关系

表 6－4　SF67 菌在多孔介质中生长实验数据

模型编号	孔隙体积（cm^3）	水相渗透率（D）	孔隙度（%）	饱和油量（cm^3）	注入菌株浓度（个/mL）	14d 后产出菌株浓度（个/mL）
1	36.5	0.375	35.3	83.2	2.1×10^6	1.2×10^7
2	126.7	0.386	34.7	79.6	2.3×10^6	1.3×10^7

实验结果说明：ZH－3 菌在多孔介质中生长繁殖，其菌株浓度由初始的 2×10^6 个/mL 增值到 1.2×10^7 个/mL，菌株浓度提高了一个数量级。ZH－3 菌在多孔介质中生长并与聚合物和原油作用是提高采收率的主要机理。

结合生长运移实验结果，进行综合分析，确认 ZH－3 能够在多孔介质中生长繁殖，使菌株浓度升高了一个数量级，并随注入水运移。从而可以随着注入水运移到水所能波及的空间，发挥驱油作用。

三、微生物对岩心滞留聚合物的清除

模拟驱油过程的驱替实验装置，驱替泵（QX－6K－HC，Quizix Inc.，USA）可以在高压条件下以恒定的流量将中间容器内的地层水、原油或营养液注入岩心，差压传感器（可以实时测量岩心进出口端的压差）。岩心出口处的压力可经回压调节阀来恒定。在整个实验过程中，泵排量固定在 1.0mL/min，恒温箱温度恒定在 45℃，回压 10MPa。

1. 实验方法

实验步骤为：选取合适的圆柱短岩心（直径为 2.5cm，长 10cm），抽真空饱和地层水，水驱 5PV 至压力稳定后，以恒速注入聚合物溶液（1000mg/L）10PV。恢复水驱至压力稳定，注入菌株浓度为 10^7 个/mL 的菌悬液（或地层水）+1.0g/L 蔗糖溶液 1.0PV，关井 45℃恒温培养 7d，后续注水直至压力恒定为止。记录每一阶段结束后岩心的水相渗透率和注入压力。

计算岩心渗透率：分别测出 4 组不同驱替速率下的岩心管进、出口压差 Δp（压力表读数稳定），作 Q—Δp 关系曲线图，然后求出曲线斜率 K，依据达西公式，则渗透率 K

计算如下：

$$Q = K'\frac{60A}{\mu_w L}\Delta p$$

$$K = \frac{\mu_w L}{60A}K'$$

式中 Q——驱替速率，mL/min；

L，A——岩心管长度和截面积，cm 和 11.34cm^2；

μ_w——通过流体（水）的黏度，1.0mPa·s 或 cP；

Δp——进出口压差，Pa 或 atm；

K'——岩心渗透率，D。

$$K = Lk/680.4$$

2. 实验结果及分析

结果见表 6-5 和图 6-9、图 6-10。

表 6-5 菌种对聚合物驱后岩心的作用

菌 种	岩心编号	水相渗透率（mD）			注入压力（MPa）		
		实验前	聚合物驱	微生物	水 驱	聚合物驱	微生物
无菌营养液	5-101	1237	926	954	0.05	0.27	0.25
	4-101	950	711	702	0.07	0.35	0.34
JHW-3	5-102	1057	814	934	0.05	0.31	0.18
	4-102	812	603	702	0.07	0.35	0.21
ZH-3	5-104	1162	831	963	0.04	0.33	0.13
	4-104	837	641	783	0.06	0.39	0.16
CZ-7	5-103	1117	812	917	0.04	0.34	0.17
	4-103	992	776	883	0.07	0.42	0.22

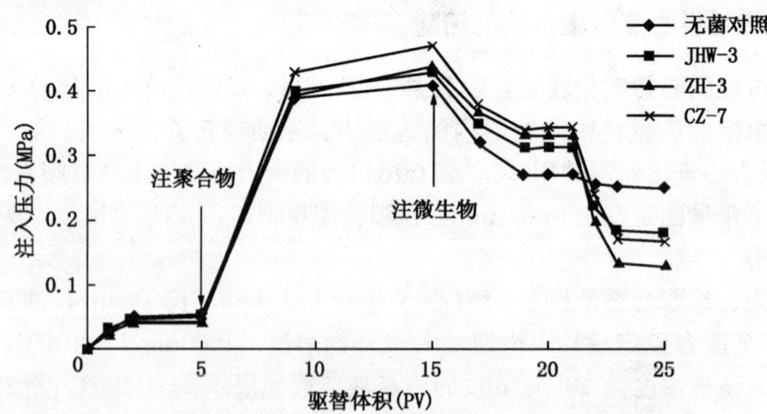

图 6-9 岩心 5-101、5-102、5-103、5-104 压力的变化

由结果可知，聚合物驱后由于部分聚合物滞留在岩心孔隙中使岩心的孔隙体积变小，岩心的渗透率有不同程度的下降，并导致注入压力明显上升。而且长期聚合物驱后，滞留

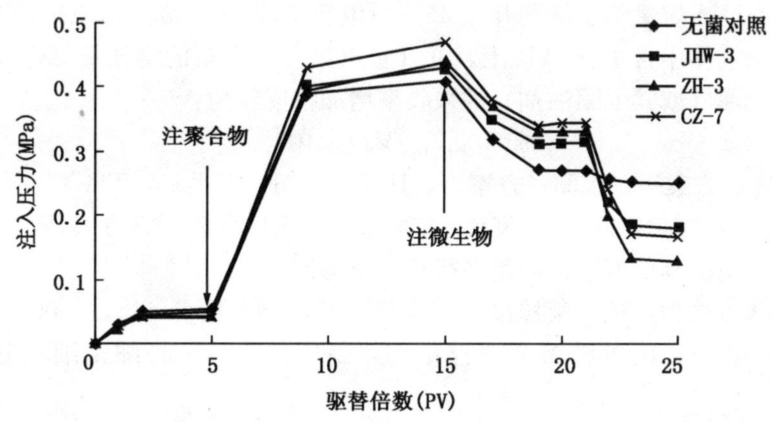

图 6－10　岩心 4－101、4－102、4－103、4－104 压力的变化

聚合物对岩心造成的伤害难以修复，所以用无菌营养液进行后续水驱对岩心物性影响不大。不过 JHW－3 和 CZ－7 在多孔介质中可以有效地生长代谢，降解滞留在孔壁和孔喉上的大分子聚合物，解除岩心的孔道堵塞，使孔隙半径和水相渗透率得到部分恢复；并且大大降低注入压力，增加后续水流动能力。而 CZ－7 对岩心孔隙中残留聚合物的降解能力与 JHW－3 及 ZH－3 相比无明显变化，说明重组菌在岩心中可以正常发挥其聚合物降解活性。

渗透率的增大，意味着岩心中孔道的连通性大为改善，使得孔隙内残余油更易于被后续水驱替出岩心；孔道上滞留的聚合物被降解，有利于驱替水和 T11 产生的生物表面活性剂接触到残留在孔壁上的原油；而压力的降低可使注入井附近压力维持低于岩层破裂压力，增加油井产液能力，保持注采平衡。

四、不同聚合物驱后驱油剂驱油效果的物理模型评价实验

人造非均质胶结岩心：变异系数 $V_k = 0.69$，模型大小 31cm×4cm×4cm。

三元复合体系：磺酸盐表面活性剂 0.1%＋NaOH 1.0%　＋1000mg/L 聚合物。

1. 实验过程

（1）连接好驱替流程，仔细检查各部分连接和阀门。用脱水原油驱替水，直到流出液中不再有水（一般含水小于 5%左右）。计算被驱出的累积水量，即岩心中饱和油体积 V_{oi}，则剩余水体积 $V_{wi} = V_p - V_o$，原始含油饱和度 S_{oi} 和原始含水饱和度 S_{wi}（即束缚水）分别为 V_o/V_p 和 V_{wi}/V_p，这样就模拟了一个未注水开发油田的原始状态。

（2）再用水驱油直至流出液中含水 95%以上，计算出累积流出油量 V_o，则岩心管中剩余油为 $V_{ro} = V_{oi} - V_o$，水驱残余油饱和度为 $S_{ro} = V_{ro}/V_p$，水驱采收率就为：

$$\eta_1 = (V_o/V_{oi}) \times 100\%$$

（3）水驱结束后，向岩心注入相对分子质量为 1.8×10^7 的聚合物溶液（1000mg/L）0.6PV，驱替至含水量 95%以上时，计量出第二次水驱的增油量 ΔV_o，则源于聚合物的采收率增加幅度就为：

$$\eta_2 = (\Delta V_o/V_{oi}) \times 100\%$$

(4) 向岩心注入定量的驱油剂并在45℃恒温箱培养7d。培养结束后，在用地层水驱替直至出口流出液体中含水95%以上，并计量出第三次水驱的增油量 ΔV_{o_2}，则源于内源微生物生长与代谢（或其他驱油剂）的采收率增加幅度就为：

$$\eta_3=(\Delta V_{o_2}/V_{oi})\times 100\%$$

驱油剂方案：方案一，水驱；方案二，JHW－3菌；方案三，T11菌；方案四，ZH－3；方案五，CZ－7；方案六，复合菌6；方案七，三元复合体系。方案四、五、六做3组平行样，取平均值；其他方案做两组平行样，取均值。

各菌液制作方法为：将各菌株接入完全培养基，45℃培养48h，4000r/min离心，收集菌体细胞。以1g/L的蔗糖溶液悬浮细胞，制成菌悬液，将细菌细胞总浓度调整为 10^7 个/mL。

2. 实验结果及分析

结果见表6－6和图6－11、图6－12。正常聚合物驱至含水98%后，会有大量聚合物或其溶液滞留在岩层孔道，使正常水驱难以进行。聚合物驱结束后恒温放置5d再恢复水驱，采收率没有任何升高。虽然JHW－3能降解不利于后续驱油的残余聚合物，但因其不能直接作用于原油，所以聚合物驱后的微生物驱采收率提高幅度不大。将重组菌用于聚合物驱后驱油，采收率明显高于JHW－3、T11，以及两菌的复合体系。这是因为重组菌的“解封作用”降解了滞留在岩心孔道中的聚合物，使微生物及其代谢产物接触到更多的残余油，有利于发挥驱油作用；重组菌产生的生物表面活性剂可降低油水界面张力，乳化启动剩余油，改变孔道壁润湿性。同时，未被微生物吸收利用的短链有机物随水流向岩心深处运移，并滞留在岩心孔隙中，封堵大孔道使后续水流改向，驱替原先未被波及到的残余油，从而增加产油量。而且重组菌可以在同一孔道内降解聚合物并动员剩余油，使菌种活性得以更充分地发挥。

表6－6 聚合物驱后微生物驱油岩心实验基础数据

方案序号	聚合物驱后驱油剂名称	渗透率(mD)	孔隙度(%)	水驱采收率(%)	聚合物驱采收率(%)	聚合物驱后采收率(%)	总体采收率(%)
一	水驱	1261	23.2	40.7	15.6	0	56.3
二	JHW－3菌	1094	23.1	40.3	15.7	0.8	56.8
三	T11菌	1135	22.8	41.4	15.4	2.4	59.2
四	ZH－3菌	1154	22.1	41.1	14.8	6.2	60.0
五	CZ－7菌	1031	22.6	39.8	15.1	5.7	60.6
六	复合菌6	1127	22.5	40.6	14.7	4.1	59.4
七	三元复合体系	1232	23.7	42.4	14.7	5.1	62.2

将微生物驱方式同交联聚合物驱进行比较，发现二者都能在聚合物驱后明显提高采收率，二者采收率差别不显著。但是使用微生物驱后对地层的伤害更小，残留聚合物的问题也得到了部分解决。

图6－13为产出液中聚合物含量随驱替体积的变化，“0”为开始注聚合物时。本实验大约共注入66mg聚合物，由该图可知，大部分聚合物随0.5～1.5PV的产出液流出岩

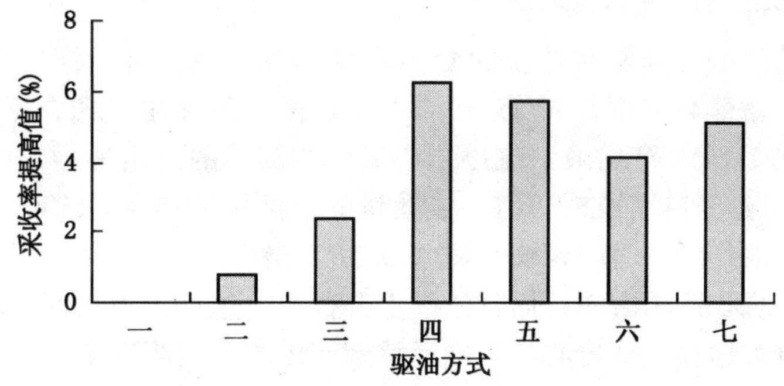

图 6-11　采收率提高值的比较

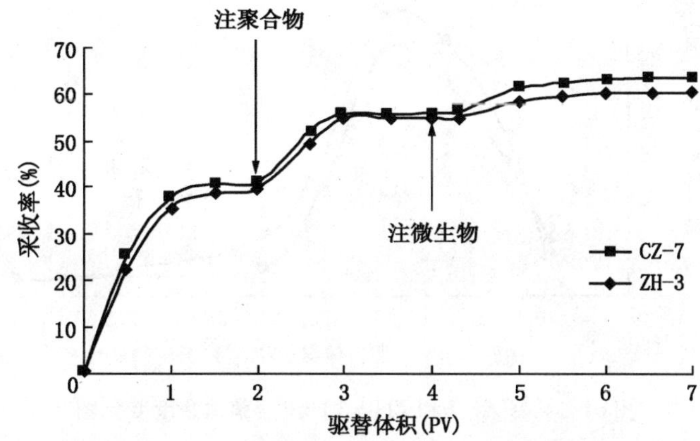

图 6-12　CZ-7 和 ZH-3 采收率变化图

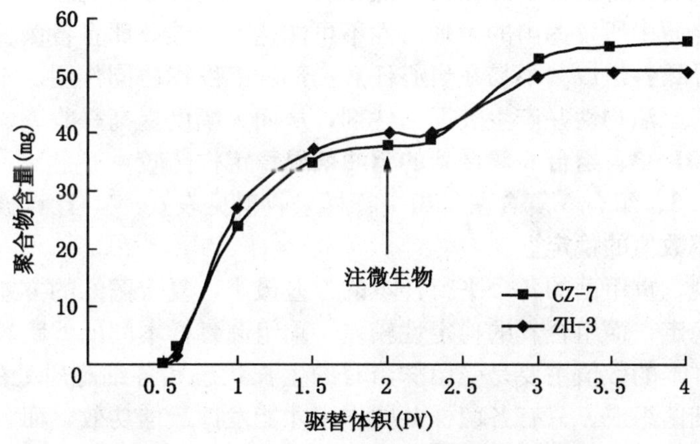

图 6-13　CZ-7 和 ZH-3 产出液聚合物含量变化

心。随后产出液中聚合物浓度明显减小，总含量增长缓慢，在 2PV 产出液中聚合物的含量为 40mg 左右，仍有近 2/5 的聚合物滞留在岩心中。注入微生物，恒温培养结束后，又有 11～16mg 聚合物被驱替出岩心。这是因为菌种降解了残留在岩心孔道中的聚合物，使其黏度降低，分子链变短，更易于被驱替水带离岩心。这使得滞留在多孔介质中的聚合物明显减少，有利于进一步的原油驱替。

图6－14为菌株浓度随驱替体积的变化曲线，“0”点为开始注入微生物时。由图可见，产出液中微生物最高浓度超过了10^8个/mL，说明菌种在多孔介质中生长情况较好。大部分细菌细胞在1.8PV产出液中流出岩心后，在其后的产出液中产生了一条细胞浓度不为零的“尾巴”，这意味着此时仍有一定数量的细菌细胞滞留在多孔介质中，使细菌在多孔介质中发挥驱油作用的时间延长。注入0.3PV微生物段塞后恒温培养5d，重新开始水驱时细菌立刻出现在产出液中，而且浓度上升很快。这是因为在恒温培养期间细菌在多孔介质中发生了自动运移，从岩心注入端运移到产出端，表明细菌能够利用自身的趋向性运动到营养物质丰富并且菌株浓度低的区域，从而接触到更多的剩余油和滞留聚合物。

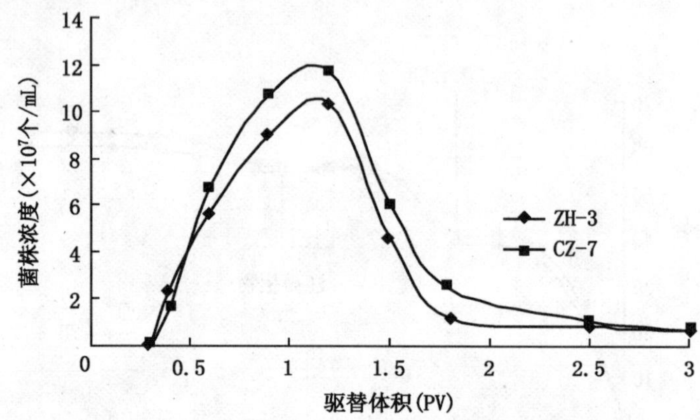

图6－14　CZ－7和ZH－3产出液菌株浓度变化图

由图6－15可知，在水驱和聚合物驱阶段原油黏度和产出液表面张力基本没有变化。而经过微生物反应后二者明显下降，其降低幅度同此前的摇瓶实验相比略有减小。这是由于微生物在多孔介质中所发挥出的生理活性不可能达到最佳，而且各菌株在多孔介质中的迁移速率不同也导致各组成菌不易在岩心任意局部均能发挥协同作用。不过也表明微生物能够在岩心中改善原油物性并产生表面活性剂，从而大幅度提高采收率。

3. CZ－7、ZH－3、组合6复合菌的驱油效果稳定性比较

CZ－7、ZH－3、组合6复合菌每组平行样采收率见表6－7，计算彼此的方差，来比较3类菌种采收率数值的稳定性。

通过比较发现，重组菌的各个平行样本的方差最小，复合菌6的方差最大，这表示重组菌的结果比较稳定，而组合6的稳定性较差。重组菌各样本间的差距较小是因为重组菌是单一菌株，各样本的数值主要是受菌株当时的生长状态和各细胞所处的微环境所影响。复合菌是由多株细菌组成，只有各菌株共同作用才能发挥最佳功效，而各菌株在多孔介质中的迁移率往往不同，这导致无法保证每一岩心孔道空间中各菌株都能同时出现，因此其偶然性也就更大。

对于复合菌3来说，其中重组菌CZ－7的存在可以使复合菌的采收率确保一个最低值，即复合菌的采收率不会明显低于单独使用重组菌时的采收率。而且，重组菌是通过代谢活动产生低分子聚合物和表面活性剂，然后将其作用于其他菌株而同聚合物降解菌及T11产生协同作用的，这样各菌株在多孔介质中的位置即使比较远也能互相发生关联。而

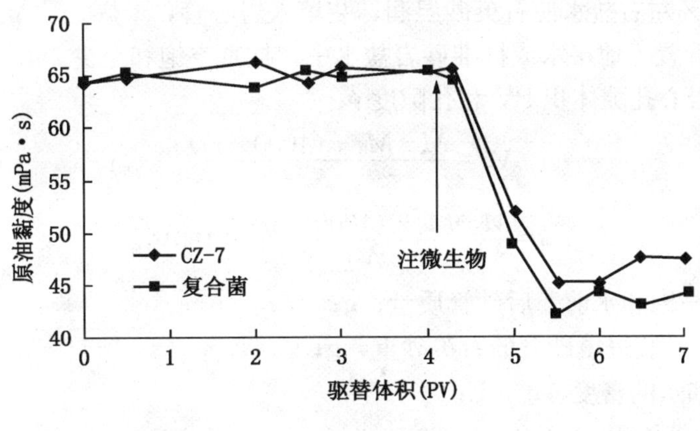

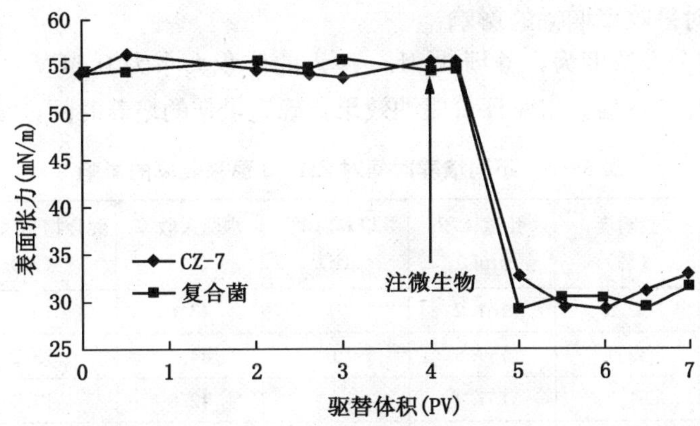

图 6-15　CZ-7 和 ZH-3 产出液中原油黏度和表面张力变化图

复合菌 6 中各菌株比较孤立，彼此间不易发生远距离作用，所以其整体作用效果受各菌株在多孔介质中的位置影响也就更大。

表 6-7　3 组菌种采收率的方差

菌　种	平行样 1	平行样 2	平行样 3	平均值	方　差
重组菌	5.5	5.6	6.0	5.7	0.047
ZH-3	5.5	6.3	6.8	6.2	0.287
复合菌 6	2.9	3.8	5.6	4.1	1.26

因此，重组菌 CZ-7 的使用可以确保菌种作用效果的稳定性，能保证微生物采收率维持在一个比较高的水平。

五、ZH-3 菌驱替方案的初步确定

1. 岩心制备

（1）岩心管长 40cm，直径 4cm。称量岩心管净重 M_0（包括管、堵头、垫片和滤膜），称量石英砂共 1000g，混匀。

(2) 掺入10%左右盐水使石英砂湿润，装填入岩心管，干燥、称量剩余石英砂重 m。

(3) 将岩心管置于地层水或标准砂岩盐水中，抽真空饱和至少24h后，取出称量管重 M，按下式计算岩心孔隙体积PV和孔隙度 ϕ：

$$V_p = \frac{M - M_0 - (1000 - m)}{\rho_w}$$

$$\phi = \frac{M - M_0 - (1000 - m)}{\rho_w V} \times 100\%$$

式中 M，M_0——饱和水前、后砂管质量，g；

$1000 - m$——装进填砂管的石英砂重，g；

ρ_w——饱和水的密度，g/mL；

V——岩心管体积，mL。

2. 培养时间对采收率增幅的影响

注入的营养组分及浓度为：蔗糖1g/L，注入的体积大小为0.3PV。分别培养1d、3d、5d、7d、10d、15d、20d后，水驱评价驱油效果，确定最佳的培养时间，结果见表6-8。

表6-8 不同培养时间对ZH-3菌采收率的影响

岩心编号	渗透率(mD)	孔隙度(%)	孔隙体积(mL)	培养时间(d)	水驱采收率(%)	聚合物驱采收率(%)	微生物驱采收率(%)
510	1064	32.5	161.2	0	43.6	13.7	0
511	946	32.1	159.5	1	44.1	13.2	2.1
512	873	31.7	157.4	3	42.8	14.3	2.8
513	982	32.7	162.4	5	43.2	13.8	4.5
514	915	31.2	160.1	7	43.5	13.5	5.8
515	864	30.8	152.8	10	43.6	13.4	6.1
516	1027	33.3	165.3	15	44.2	13.2	6.3
517	952	31.7	157.5	20	42.7	14.1	6.2

不同培养时间的采收率提高幅度见图6-16。从图中看出随着培养时间的延长，提高采收率的幅度也变大，说明微生物在岩心中的生长与繁殖对采收率是有影响的。在0～7d时，培养时间对采收率的影响很显著，尤其是3d以后采收率明显提高；从曲线上看，10d以后随着培养时间的延长，采收率提高幅度变化不大，基本在6.2%左右。7d时，采收率提高5.8%，不是最好的驱油效果，但考虑到10d的培养时间过长，因此确定最优的培养时间为7～10d。

在驱油实验中，培养时间短的在驱出液中油水处于一种分离状态，没有乳化或混合，即连续驱出一定水后流出少量油；而在培养时间大于5d的岩心管驱替过程中，油水乳化较严重，采收率提高幅度也较大。在微生物驱油的现场应用过程中，营养的注入速度和营养注入后的注水速度将影响营养物质在油藏中的停留时间，即要有足够的时间确保微生物的生长与繁殖，同时又要保证一定的采油速度，因此通过实验确定微生物的生长时间与驱油效果之间的关系对于现场营养注入速度的确定具有参考价值。

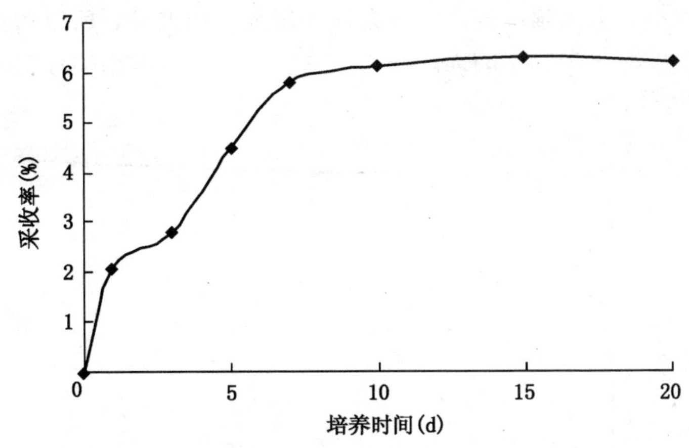

图 6－16　培养时间同 ZH－3 菌采收率增幅的关系

3. 营养浓度对采收率增幅的影响

注入不同蔗糖浓度的营养液 0.3PV，分别为 0.1g/L、0.2g/L、0.5g/L、1g/L、2g/L、5g/L、10g/L，培养时间为 7d。培养后评价不同蔗糖浓度时的驱油效果，以确定最佳的营养浓度。

表 6－9 中列出了不同蔗糖浓度时，培养 7d 的驱油实验数据。610 岩心是没有加入蔗糖的、含 10^7 个/L 菌种细胞的地层水进行的驱油实验，结果采收率提高 2.3%，这与前者不同。这是因为菌种在不含蔗糖营养液时也能利用多孔介质中的聚合物和原油生长，通过自身的生理活动提高采收率。

表 6－9　不同蔗糖浓度对 ZH－3 菌采收率的影响

岩心编号	渗透率(mD)	孔隙度(%)	孔隙体积(mL)	糖浓度(g/L)	水驱采收率(%)	聚合物驱采收率(%)	微生物驱采收率(%)
610	957	32.1	145.2	0	43.8	13.4	2.3
611	1057	33.4	151.8	0.1	42.8	13.7	2.8
612	971	32.5	147.4	0.2	43.9	14.2	3.5
613	1107	33.2	151.4	0.5	44.2	12.8	4.3
614	884	31.2	141.1	1.0	41.8	13.7	5.8
615	1037	32.4	146.8	2.0	43.4	13.4	6.3
616	937	30.3	137.4	5.0	42.6	14.1	6.5
617	1017	32.3	145.5	10	43.5	13.1	6.6

图 6－17 反映了随营养浓度的提高，最终微生物提高采收率的变化规律。在营养浓度较低时（小于 1.0g/L），随着蔗糖浓度增加，最终采收率提高幅度呈直线上升，说明当营养不充足时微生物的生长繁殖受到抑制，继而影响到最终采收率。总体上，营养浓度较低时，在二次驱出液中的气体很少，而且油水乳化程度低。在高营养浓度时（大于 1.0g/L），采收率提高幅度较大，但是采收率的提高速率减缓，2g/L、5g/L 和 10g/L 所对应的采收率提高值分别为 6.3%、6.5%和 6.6%，基本一致。高营养浓度时，细菌的生长与衰亡处于

平衡，菌体密度也不会有大幅度提高，只会在一定范围内波动，所以营养已经充足的条件下继续提供营养浓度对于采收率的提高作用不大。因此通过本组驱油实验确定出最优的驱油营养浓度为 1.0g/L。

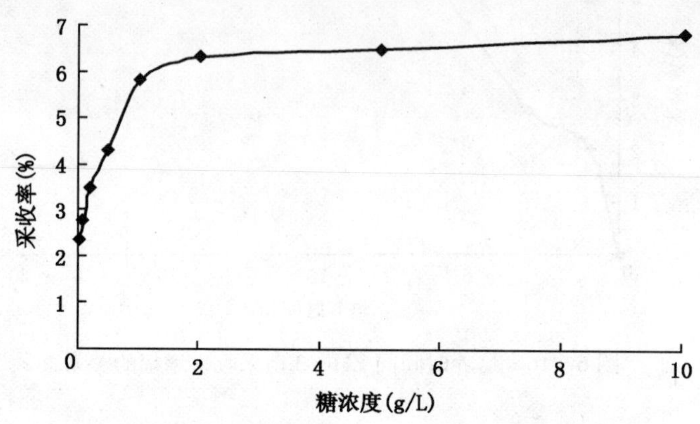

图 6－17　蔗糖浓度同 ZH－3 菌采收率增幅的关系

4. 营养段塞大小对采收率增幅的影响

注入不同体积的营养液（蔗糖浓度和培养时间为上边实验所确定的最佳值），体积大小分别为 0.1PV、0.2PV、0.3PV、0.4PV、0.5PV、0.6PV、0.7PV。培养后评价不同注入量对驱油效果的影响，确定最佳的注入量。

表 6－10、图 6－18 中列出了注入不同营养段塞大小（培养 7d，蔗糖 1.0g/L）时的驱油实验采收率。可以看出，注入的段塞体积为 0～0.4PV 时，最终的采收率提高幅度随段塞体积呈正比增加的关系，这本质上反映出了注入营养量与采收率的关系，段塞越长，注入的营养物质约多，微生物的生长与繁殖作用越强，驱油作用较好。当注入段塞体积大于 0.4PV 时，采收率提高幅度基本平稳，采收率提高约 6.5%左右，这时的驱油效果也是最好。在一定范围内，段塞大小与营养浓度都反映了注入的营养量，因此段塞大小和营养浓度与最终驱油效果的关系也是一致的。是采用“高浓度、小段塞”还是“低浓度、长段塞”，或者多级段塞的营养注入方法，要根据具体油藏的地质特点来确定。

表 6－10　不同段塞大小对 ZH－3 菌采收率的影响

岩心编号	渗透率(mD)	孔隙度(%)	孔隙体积(mL)	段塞大小(PV)	水驱采收率(%)	聚合物驱采收率(%)	微生物驱采收率(%)
510	867	32.4	158.2	0	42.1	13.5	0
511	1127	32.1	157.4	0.1	43.7	13.7	3.2
512	937	31.2	153.2	0.2	43.5	13.2	4.6
513	1037	33.1	162.4	0.3	44.3	12.8	5.8
514	1057	31.7	155.1	0.4	42.8	13.7	6.5
515	975	30.8	150.6	0.5	43.2	13.6	6.5
516	928	32.7	160.3	0.6	42.6	14.2	6.7
517	1062	32.3	158.5	0.7	44.1	13.3	6.6

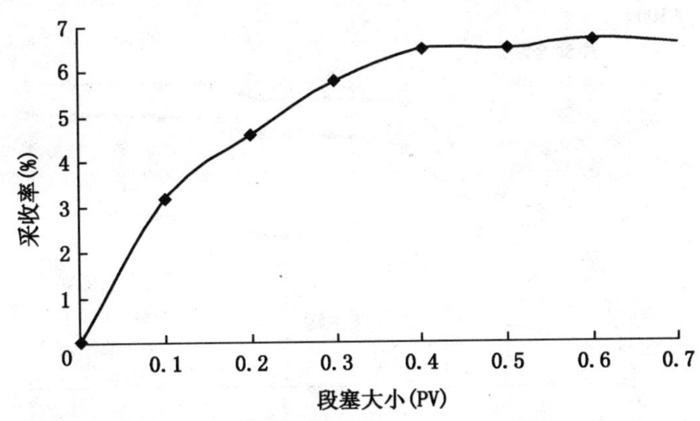

图6－18　段塞大小同ZH－3菌采收率增幅的关系

六、在并联非均质物理模型中采收率的变化

以上述驱替程序为基础，更换岩心，检测岩心非均质性对采收率的影响。所用物理模型为由高、中、低3块渗透率不同的人造岩心并联而成的层间非均质模型，岩心大小均为30cm×4.5cm×4.5cm，每层厚1.5cm。实验基本程序为：岩心抽空饱和地层水→饱和油→水驱含水达90%→注聚合物（1000mg/L）0.6PV→水驱含水达98%→注入添加了1g/L蔗糖的复合菌液0.3PV→45℃恒温培养7d→水驱含水达98%，结束实验。从微生物驱开始后产出液出现聚合物时起，测定0.5PV采出水中聚合物的浓度。

由表6－11与图6－19所示结果可见，水驱后剩余原油主要分布于低渗透层。聚合物驱可增加低渗透层采收率，但到聚合物驱结束时，仍有大量剩余油残留在该区域。当渗透率级差增大时，虽然整体渗透率提高，但水驱和聚合物驱采收率都明显下降。

表6－11　非均质岩心实验基本数据

实验组号	渗透性	渗透率(mD)	孔隙度(%)	水驱采收率(%)	聚合物驱采收率(%)	微生物驱采收率(%)	聚合物含量(mg/L)
一	高	1238	28.3	65.2	12.4	4.5	144
	中	634	26.4	51.1	16.5	6.2	82
	低	347	24.1	18.1	22.8	6.7	45
	平均			44.8	17.2	5.8	90
二	高	1874	29.5	54.5	9.3	5.7	112
	中	1084	26.2	37.9	13.6	5.3	68
	低	446	23.9	9.7	18.4	4.1	26
	平均			34.2	13.8	5.1	67

在一号实验组中，当微生物驱开始后，滞留聚合物由于菌种的降解作用而更易于被后续驱替水带离岩心，使微生物得以接触到更多的剩余油，大幅度提高采收率。高渗透层产出液中的聚合物含量虽然明显大于中、低渗透层，但中、低渗透层驱油作用却更显著。聚

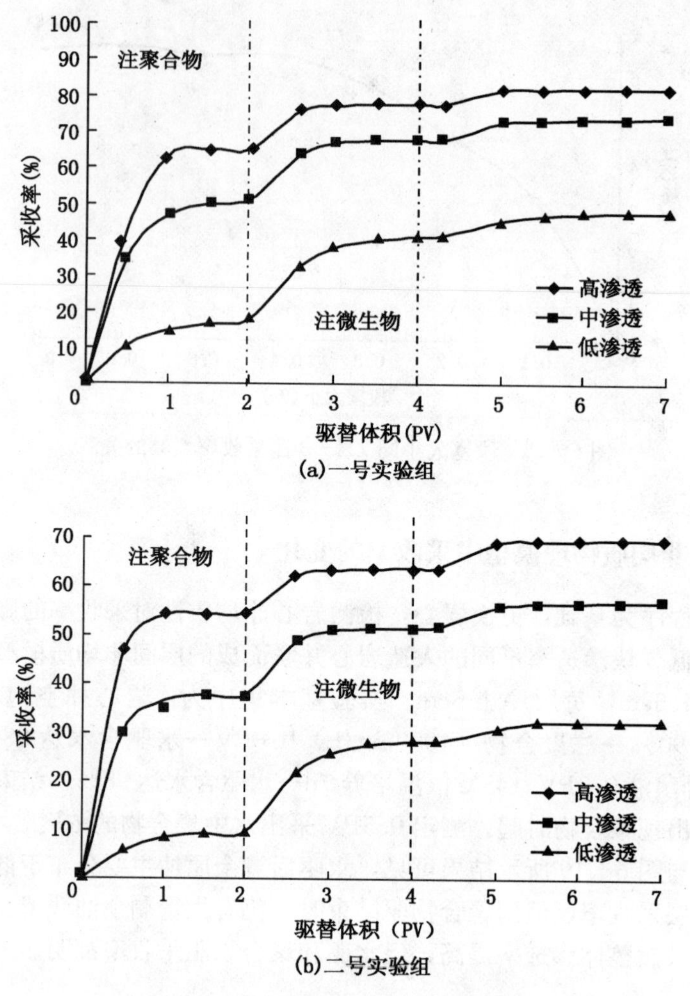

(a)一号实验组

(b)二号实验组

图 6-19 非均质岩心实验采收率变化图

合物在高渗透层中主要是吸附于大孔道的孔壁上，它们会限制同样吸附于孔壁的原油被水驱替；在低渗透层中聚合物主要是由于机械捕集作用滞留于孔喉，阻止后续水进入其他孔道，所以在低渗透层中有更多的剩余油难以接触到后续驱替水。当低渗透层聚合物被微生物降解后，后续水和微生物能进入那些被封堵的孔道，使剩余油被“动员”出来；相对而言，在高渗透层中微生物虽然能接触到更多的滞留聚合物并将其降解，但此处受聚合物封存的剩余油相对较少，后续水和微生物能接触到的原油更少，所以其采收率也较低。低渗透层中则有更多的滞留聚合物和剩余油，使微生物和其代谢产物的驱油潜力更大。

对于渗透率级差更大的非均质岩层（二号实验组），微生物仍能提高中、高渗透层的采收率，并且效果更好，但低渗透层的采收率增幅则有所降低。这是因为在渗透率级差增大时，虽然低渗透层中的残留聚合物和原油更多，但菌种和营养液也因大孔道的窜流更难进入低渗透层，使微生物难以接触到更多的滞留聚合物和原油，致使采收率增幅低于中、高渗透层，被分解驱替出的聚合物也因此明显减少；而中、高渗透层虽然剩余油较少，但由于能进入更多的微生物而使驱油效果更佳，其高渗透层采收率甚至超过低渗透率级差的实验组。而且，本实验组的微生物驱采收率同非均质性较小的模型相比差距不大，说明菌种能够加强对高渗透率级差地层剩余油的开采。

第三节　菌种同油藏的配伍性

ZH－3拟在大庆油田萨北过渡带地区进行现场实验，实验区块位于过渡带北部。油藏平均温度为45.2℃，平均射开砂岩厚度为15.1m，有效厚度为13.32m，平均有效渗透率为0.587μm^2。该区块自1997年8月开始实施聚合物驱油方案，平均聚合物年注入量为23.17×$10^4 m^3$。目前含水超过95%，采收率无法继续提高，所以考虑在此区块试行微生物采油。因微生物与该地区油层的配伍性是提高原油采收率的关键，它直接影响到微生物采油的效果。为此，对萨北过渡带影响微生物采油的有关油层配伍性进行考察。

一、注入水和采出液特性

萨北过渡带生产井采出液的水质分析见表6－12。由表中可看出，地层水的pH值为8左右，而ZH－3的生长特性和生物活性在pH值为6～8范围内变化不明显，所以萨北过渡带地层水的pH值可以使菌种正常发挥作用。

表6－12　萨北过渡带采出液水质分析　mg/L

井　　号	pH值	$K^+ + Na^+$	Ca^{2+}	Mg^{2+}	Cl^-	SO_4^{2-}	HCO_3^-	总矿化度
北4－8－丙47	7.8	1485.89	20.04	9.12	815.00	12.01	2373.20	4715.26
北4－10－丙56	7.8	1346.64	20.04	4.56	673.74	24.02	2224.86	4293.86
北4－100－P54	8.0	1567.01	20.04	7.60	615.25	30.02	2125.34	4365.26

地层水矿化度过高对微生物生长不利，只有少数微生物能承受高质量浓度盐水。ZH－3在小于25×10^4mg/L矿化度地层水中可稳定发挥驱油活性，而3口井采出液的矿化度均小于5×10^4mg/L，所以菌种活性不受影响。另外，对萨北过渡带回注污水和注入清水的水质特性也作了相应的分析，其中回注污水与地层采出液的矿化度变化差异不大，范围在4000～6000mg/L之间；而注入清水矿化度含量较低，范围在200～500mg/L之间。萨北过渡带地层水矿化度适宜微生物生长，但注入水和采出液中含氮化合物和含磷化合物含量极少。另外，参与微生物代谢活动的主要金属离子，如Mg^{2+}、Fe^{3+}等含量也较低，这会限制微生物的代谢活性。因此，在现场操作时可以尽量使用含NO_3^-、PO_4^{5-}、Mg^{2+}、Fe^{3+}等离子较多的污水配制菌液，或在注入清水中添加无机盐。

二、原油物性

地下原油可为微生物菌体本身的生长提供充足的碳源，在原油的组成中，易被微生物分解的组分包括各种烷烃和芳烃组分，还有一些复杂的非烃也能被微生物分解利用，而原油中的沥青组分最难被微生物降解。萨北过渡带原油物性的测定结果见表6－13。

由表6－13可看出，萨北过渡带原油密度大、黏度高，属于重质原油，且原油含蜡量、含胶量较高。使用常规注水开发效果较差，较适宜于微生物驱油。ZH－3能够利用该黏度范围的原油为碳源，降低原油黏度，提高原油流动能力。还能把稠油中的高相对分子质量物质，如蜡质、胶质分解为低相对分子质量的化合物，降低整个稠油的平均相对分子质量，使重组分减少，降低含蜡量和黏度，改善原油在油层中的流动性。

表 6－13　萨北过渡带原油物性分析

井　　号	密度（g/L）	黏度（mPa・s）	凝固点（℃）	含蜡量（%）	含胶量（%）
北 4－8－丙 47	890.4	87.61	33	24.78	34.58
北 4－10－丙 56	885.2	60.54	29	20.52	29.88
北 4－100－P54	887.3	60.91	29	30.48	25.28

三、油藏本源菌的种类和含量

油藏本源微生物是指油藏中固有的并适应油藏环境的微生物群落。对萨北过渡带采出液中油藏本源微生物的分析表明，该区块油藏微生物的发育状况不同，菌种类型和数量差异较大。从分离菌种的形态及培养特性来看，萨北过渡带油藏生长的本源微生物以革兰氏阳性菌居多，多数为好氧菌，也有一定数量的厌氧菌，还有数量较多的牙孢菌。这些菌生存能力较强，对温度、压力、地层水的矿化度和 pH 值适应的条件较宽。分离出来的本源微生物包括短芽孢杆菌、解淀粉芽孢杆菌、浸麻芽孢杆菌、分枝杆菌属、表皮葡萄球菌、金黄色球菌、生黄瘤胃球菌和假单胞杆菌属等。

了解地下本源微生物的生长状况，对设计一个成功的 MEOR 矿场试验十分重要。如果在现场工艺条件下，把可能注入的菌株引入油层，该菌株必须是占优势地位，或者能与本源细菌形成共生体系，以便获得更好的采油效果。通常，地下油层中本源菌的活菌量在 10^2～10^5个/mL 之间，为保证现场试验效果，接种的最低活菌量应大于 10^6个/mL。

将 ZH－3 接入萨北过渡带地层水配制的蔗糖聚合物培养基，浓度为 10^7个/mL，45℃培养 7d，测定菌株浓度。结果表明，培养后 ZH－3 浓度增至 10^9个/mL，表明菌种能够在地层水环境中正常生长。地层本源菌含量在此营养体系作用下也有显著增长，浓度增至 10^7个/mL。但是本源菌的大量增长不会抑制 ZH－3 的繁殖，说明它们彼此间没有拮抗作用。

四、岩层孔喉大小的影响

微生物在储层岩石中的渗滤特性，除与其所处的温度、压力和岩石与流体之间的相互作用有关外，还与岩石的孔隙结构特征有关。因为注微生物采油及其他方式的采油，都是在岩石中的孔隙—喉道空间中进行的。这种空间既是储集空间也是渗滤空间，所以，对孔隙结构的研究一直是学者们关注的问题。微生物进入地层后在一定条件下迅速增殖并产生黏液和沉淀，微生物细胞在多孔介质中是否造成堵塞与多孔介质喉径的大小和微粒直径有关。ZH－3 的组成菌株都是杆菌，长为 2.0～4.0μm，宽约 1.0μm。考虑到菌体连接或黏结在一起形成的体积较大等因素，一般储层岩石平均孔喉半径应不少于 10μm。而萨北过渡带岩层的孔喉半径平均为 11.01μm，因此很适合采用微生物技术，微生物在岩层中运移不会影响油井的正常产油工作。

第四节 小　　结

(1) 重组菌 CZ－7 同 JHW－1、JJF、JJH、T11 复配，组成复合菌后，其降解聚合物、产表面活性剂、降低原油黏度的能力都有提高，而所需有机营养物质（蔗糖）的最小浓度则降低至 1mg/mL，该复合菌命名为 ZH－3。如用 JHW－3 取代 CZ－7，则复合菌的各项指标都有明显减小。由于 CZ－7 能在外来营养成分不足时进一步降低聚合物的相对分子质量，并产生表面活性剂，促进复合菌中其他菌株的生长。

(2) 物理模型实验表明，岩心长时间注入聚合物后，注入重组菌 CZ－7 以及 ZH－3 菌液培养，可使渗透率得到部分恢复，并明显降低注入压力。说明 CZ－7 及其他聚合物降解菌能有效缓解聚合物对底层的伤害。

(3) 聚合物驱替完成后使用 CZ－7 和 ZH－3 菌液，可分别将采收率继续提高 5.7% 和 6.2%。并且能使大量滞留在岩心的聚合物排出，使原油黏度由 64.7mPa·s 分别降至 46.3 mPa·s 和 42.6mPa·s，将表面张力由 54.3mN/m 分别降至 29.3～30.6mN/m。重组菌 CZ－7 除了能使复合菌 ZH－3 的性能进一步提高以外，还有一个重要作用就是可使复合菌体系在岩心中更为稳定地发挥其性能。

(4) 经实验测定，复合菌 ZH－3 的最适驱替方案为：段塞 0.4PV，蔗糖浓度 1.0g/L，45℃培养 7d，此时微生物可使采收率继续提高 6.5%。

(5) 在非均质岩层中，菌种能更多地动员低渗透地层中的残余油，并清理出滞留聚合物。当渗透率级差增大时，采收率降低幅度相对较小。

(6) 大庆萨北过渡带原油属于重质原油，原油含蜡量、含胶量较高，适宜微生物采油。地层水中所含的微生物营养物质少，必须选用无机盐含量和种类较多的污水配制注入菌液，现场接种的活菌量最低应大于 10^6 个/mL。微生物在岩石孔隙中运移对油、水井正常生产影响不大。

第七章　现场实验

2007年4月，对萨北过渡带的北4－100－P54、北4－8－丙47和北4－10－丙56油井进行了近井地带处理，以检测复合菌ZH－3在地层中降解聚合物和处理原油的性能。采取反注方式将菌液和营养液挤入地层，注完菌液和营养液后，用注入水将井筒中菌液由井筒挤入地层，使微生物处理半径为距井底0.5m。处理程序：0.8m^3地层营养液→注入5m^3菌液（经50m^3营养液稀释）→16m^3营养液→注入水→关井8d→恢复生产。

第一节　日产油量的变化

继续监测近井地带微生物处理后日产油量的变化。结果见图7－1至图7－3。

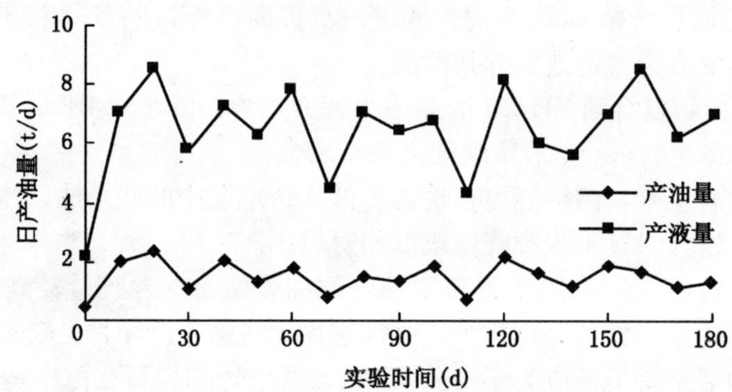

图7－1　北4－100－P54实施微生物吞吐试验后的产油量变化

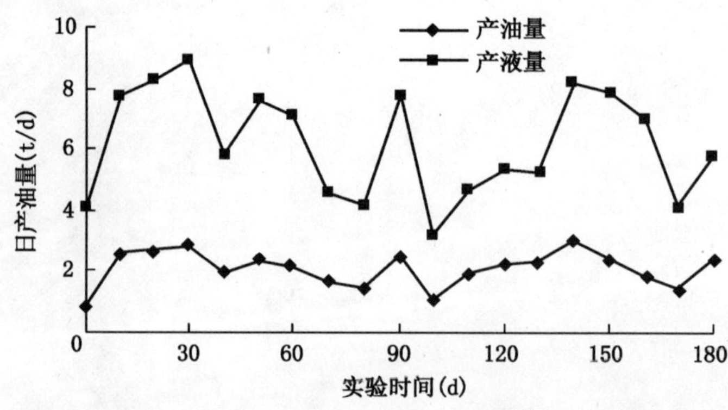

图7－2　北4－8－丙47实施微生物吞吐试验后的产油量变化

统计北4－8－丙47，北4－100－P54两口中—高含水井，日产液量由试验前的6.2t/d上升到目前的13.3t/d，液量大幅度上升；日产油量由1.42t/d上升到3.8t/d，含水由77.1%下降到71.5%；而1口低含水井（北4－10－丙56）日产液量由1.7t/d略升到

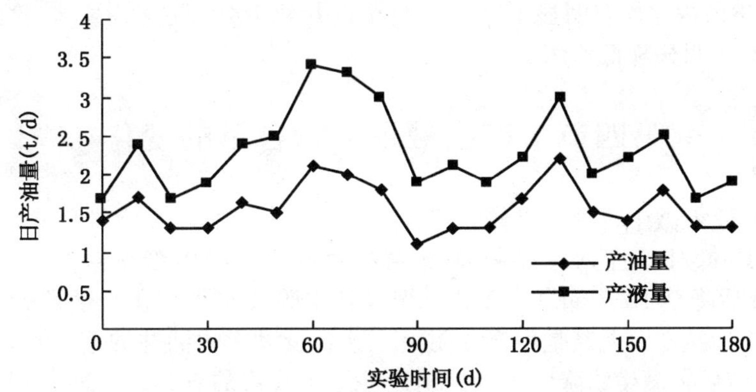

图 7－3　北 4－10－丙 56 实施微生物吞吐试验后的产油量变化

2.4t/d，日产油由 1.4t/d 提高到 1.6t/d，含水由 17.6%稳定到 33.3%。分析表明，注入的微生物菌液主要进入含水较多的产出层，对于水淹程度较高的中—高含水区域影响较大，因此受效明显的是中—高含水井，而低含水井受效不明显。

其中北 4－100－P54 井，有效厚度 14.4m，连通厚度 12.0m，微生物驱之前日产液 2.17t/d，日产油 0.51t/d，含水 76.5%，微生物注入后 60d 含水开始下降，产油量有所上升，日产液 5.4t/d，日产油 1.62t/d，含水 70.0%，与试验前对比含水下降了 6.5 个百分点。两个月后日产液 5.1t/d，日产油 1.67t/d，含水 67.3%，产油量继续上升，含水率则进一步减少。到第一个实验周期结束时，含水率变化不大，日产液下降到 4.7t/d，日产油上升到 1.58t/d。在实验周期内（6 个月）累计增油量达到 276t。不过该井的产量变化还需要进一步观察。

结合之前的效果分析，可以看出，由于微生物是以水为生活环境，生物特性决定了微生物在低含水层难以生存；所以中—高含水油井是主要受效井，且产液量上升明显。低含水井的未见效原因应与上述原因有关。由于微生物作用后提高了原油的流动性及水驱油的效率，加强了油层中原油的动用，所以受效油井含水普遍下降。

第二节　地层水中菌株浓度的变化

注入微生物后，北 4－100－P54 产出液中的菌株浓度由原始的 5.2×10^3个/mL 上升到 4×10^6个/mL。并在每次注入微生物后，菌株浓度均有大幅上升，随着地层水的产出，菌株浓度略有下降，但仍保持在 1.2×10^6个/mL 左右，说明注入微生物后，微生物在北 4－100－P54 的地层环境中能够有效增殖。

第三节　原油物性变化

北 4－100－P54 原油黏度由实验前的 60.91mPa·s 下降至 45.84mPa·s，表明原油在经微生物处理后可流动性增加。同时，对近井地带微生物处理后的原油还进行了含蜡量和含胶量的分析，注菌后蜡和胶的含量分别为 20.2%和 19.1%，同微生物吞吐处理前的

30.48%和25.28%相比均有明显下降。表明在近井地带处理过程中，试验菌对原油的含蜡量、含胶量具有明显降低作用。

第四节　产出液聚合物含量的变化

因实验井在注入微生物前均已停注聚合物1年以上，所以实验前产出液聚合物3口井平均含量小于10mg/L。注入微生物恢复生产后首日，产出液聚合物平均含量上升至34.6mg/L，7d后降至12.7mg/L，20d后恢复到实验前水平。在长期聚合物驱后，聚合物会大量滞留在油藏中，尤其是生产井附近。这会极大影响油井的连通性，减少产液量。注入ZH-3菌液后，微生物降解了井筒附近油层中残留的聚合物，使其相对分子质量降低，进而被驱替水驱出油层。这也进一步促使微生物接触到更多的残余油，导致了产液量和产油量的增加。

上述实验结果表明，ZH-3在萨北过渡带地层中正常生长，降解滞留在油藏中的聚合物，改善原油物性，进而明显提高产油量。

第五节　下一步微生物驱实验注入段塞结构

由于地层水无机盐含量低，原油蜡、胶质含量高，地下液流速度较快。为保证在未来的微生物驱实验中的微生物地下繁殖、作用时间，可采取提高注菌株浓度和关井发酵措施，因此总体注入结构设计如下。

一、段塞浓度结构

实验结果表明，微生物驱注入浓度为5×10^7个/mL即可明显提高原油采收率。考虑到菌液前缘、后尾会被地层水或注入液稀释，故可相应提高菌液前缘和后尾段塞浓度；由于油藏温度较高，不利于菌体生长、繁殖，因此相应提高了微生物接种浓度，综合考虑做如下设计：按浓度将注入菌液分为三级段塞：前缘段塞菌液浓度为10^8个/mL，主体段塞菌液浓度为5×10^7个/mL，后尾段塞菌液浓度为10^8个/mL。三级段塞用量总计为0.4PV。

二、营养液结构

为促使注入的微生物较好的生长繁殖，在菌液段塞前后分别加注营养液段塞。后续营养液段塞为微生物提供营养，促使微生物在地层中发酵。

三、发酵时间

为保证微生物繁殖时间，在微生物前缘段塞注完后关井发酵10d，同时将后置营养液段塞分为两部分：后置液Ⅰ段塞液量较小，注完后关井10d，然后再注入液量较大的后置液Ⅱ段塞，继续为微生物提供营养。

四、总体注入结构

综上所述，微生物驱油现场试验总体注入结构如下：

前置营养液（10d）+菌液前缘段塞（菌株浓度为10^8个/mL）+关井（10d）+菌液主体段塞（菌株浓度为5×10^7个/mL）+菌液尾段塞（菌株浓度为10^8个/mL）+后置营养液（Ⅰ）+关井（10d）+后置营养液（Ⅱ）+正常注水。

第六节 小 结

（1）以复合菌ZH－3对萨北过渡带的北4－100－P54、北4－8－丙47和北4－10－丙56油井进行了吞吐实验，实验井产油量明显提高，原油黏度、蜡和胶的含量均有明显下降，并清理出了地层中的部分聚合物。说明ZH－3可在聚合物驱后油藏中发挥其降解聚合物及驱油的作用。

（2）微生物驱现场实验总体注入结构如下：前置营养液（10d）+菌液前缘段塞（菌株浓度为10^8个/mL）+关井（10d）+菌液主体段塞（菌株浓度为5×10^7个/mL）+菌液尾段塞（菌株浓度为10^8个/mL）+后置营养液（Ⅰ）+关井（10d）+后置营养液（Ⅱ）+正常注水。

参考文献

[1] 王志武，等．三次采油技术及矿场应用［M］．上海：上海交通大学出版社，1995：1－3.

[2] 郭万奎，等．大庆油田首次聚合物驱油工业矿场试验设计与实施［M］．北京：石油工业出版社，2001：15－25.

[3] 郭万奎．大庆油田三次采油技术研究现状及发展方向［J］．大庆石油地质与开发，2002，21（3）：1－6.

[4] Banat I M，Makkar R S. Potential commercial application of microbial biosurfactant［J］. Applied Microbial Biotchnol，2000，53（5）：495－508.

[5] 赵永胜，魏国章，陆会民，等．聚合物驱能否提高驱油效率的几点认识［J］．石油学报，2001，22（3）：43－47.

[6] 王新海，韩大匡．聚合物驱油机理的应用［J］．石油学报，1994，15（1）：83－91.

[7] 邬侠，孙尚如，胡勇，等．聚合物驱后剩余油分布物理模拟实验研究［J］．大庆石油地质与开发，2003，22（5）：55－58.

[8] 张磊，胡云亭，王文升，等．聚合物后续水驱阶段剩余油挖潜技术［J］．矿物岩石，2003，23（4）：101－104.

[9] 丁美爱，张贤松．聚合物驱中的油层保护研究［J］．油气采收率技术，1996，3（2）：67－71.

[10] Hjonathan F，Jean C. Development of a novel waterflood conformance control system［C］. SPE 89391，2004：342－347.

[11] 吴文祥，刘洋．聚合物驱后岩心孔隙结构变化特性研究［J］．油田化学，2003，19（3）：253－256.

[12] 刘瑜莉，吴保先，王国兴．聚合物驱油井堵塞原因及改造技术探讨［J］．河南石油，2003，27（1）：57－58.

[13] Pavone Dldler. Observation and Correlation for immiscible viscous－fingering experiments［C］. SPE 19670，1992：187－197.

[14] 李爱芬，郭海滨，陈辉．聚驱后阳离子聚合物 HCP 提高采收率机理研究［J］．油田化学，2006，15（3）：256－260.

[15] 肖建洪，姜娜，马辉．聚合物驱后凝胶复合体系调驱技术及应用［J］．油气地质与采收率，2006，27（5）：78－82.

[16] 戴彩丽，赵福麟，肖建洪．聚合物驱后地层残留聚合物再利用技术研究［J］．西安石油大学学报（自然科学版），2006，15（6）：56－61.

[17] 赵福麟，王业飞，戴彩丽．聚合物驱后提高采收率技术研究［J］．石油大学学报（自然科学版），2006，18（1）：86－90.

[18] 赵冬梅，李爱芬，衣艳静．聚合物驱后阳离子聚合物堵水技术［J］．油气地质与采收率，2006，29（4）：88－91.

[19] 王业飞，熊伟，焦翠．聚合物驱后地层残留聚合物絮凝再利用技术研究［J］．大庆石油地质与开发，2006，30（3）：79－82.

[20] 王其伟，宋新旺，周国华．聚合物驱后泡沫驱提高采收率技术试验研究［J］．江汉石油学院学报，2004，42（1）：105－108.

[21] 卢祥国，张云宝．聚合物驱后进一步提高采收率方法及其作用机理研究［J］．大庆石油地质与开发，2007，31（6）：113－118.

[22] 王刚，王德民，夏惠芬．聚合物驱后用甜菜碱型表面活性剂提高驱油效率机理研究［J］．石油学报，2007，16（4）：86－90.

[23] 王茂盛，张喜文，韩彬．聚合物驱后泡沫与AS体系交替注入驱油物理模拟研究［J］．内蒙古石油化工，2005，45（7）：79－80.

[24] 卢祥国，王风兰，包亚臣．聚合物驱后三元复合驱油效果评价［J］．油田化学，2000，19（2）：159－163.

[25] 孙灵辉，代素娟，吴文祥．低碱三元复合体系用于聚驱后进一步提高采收率［J］．油田化学，2006，22（1）：88－91.

[26] 王友启．胜利油田聚合物驱后二元复合驱油体系优化［J］．石油钻探技术，2007，31（1）：101－103.

[27] 曹正权，冷强，张岩．清除聚合物堵塞的解堵剂DOC－8的研制［J］．油田化学，2006，19（1）：77－80.

[28] 张岩，隋伟娜，刘国春．聚合物驱解堵增注技术在孤岛油田的应用［J］．钻采工艺，2006，30（1）：87－91.

[29] 刘军，王清发，刘卫．注聚井用SC－3型双季铵盐基复合防堵剂［J］．油田化学，2006，18（1）：73－76.

[30] 李峰，莫苇．应用复合物理化学技术解除聚合物驱注采井的污染堵塞［J］．江汉石油学院学报，2004，40（1）：85－86.

[31] Stison S C. Chiral drugs growth and development of these pharmaceuticals continue unabated［J］．C & E News，2001，79（40）：79－97.

[32] 谭天伟，王芳．能源生物技术［J］．生物加工过程，2003，（5）：32－36.

[33] Cambiaghi S，Tomaselli S，Verga R. Enzymatic process for preparing 7－aminocephalosporanic acid and derivatives. EP0496993，1992.

[34] Bryant R S *et al*. Significant of the survival and performance of Bacillus Species in porous medium for enhanced oil recovery. Topical Report，NIPER，1987.

[35] Zhang J，Roberge C，Reddy J，*et al*. Bioconversion of indene to trans－2S，1S－bromoindanol and 1S，2S－indene oxide by bromoperoxidase/dehydrogenase preparation from Curvularia protuberate MF5400［J］．Enzyme and Microbial Technology，1999，24（1）：86－95.

[36] 孙宏利，金佩强．提高Caltax油田波及效率的MEOR研究［J］．国外油田工程，2002，18（9）：1－4.

[37] 刘晔，李敬龙，崔福丽．聚驱后微生物提高原油采收率机理探讨［J］．山东轻工业学院学报，2004，18（3）：60－62.

[38] Lori Jeanine，Simon Kay. Polyacrylamide as a substrate for microbial amidase in culture and soil［J］．Soil Biology and Biochemistry，1998，30（13）：1647－1654.

[39] Junzo Suzuki，Keiko Hattori. Effect of ozone treatment upon biodegradability of water－soluble polymer［J］．Environmental Science & Technology，1978，12（10）：1180－1183.

[40] Eshwan M Rachid，Catherine F Jean，Hamid Jalal，*et al*. Combining photolysis and bioprocesses mineralization of high molecular weight polyacrylamides［J］．Biodegradation，2002，13（4）：221－227.

[41] Carri C. Fang，Halliburton Baroid. New OSPAR－compliant technologies for managing drilling－fluid lost－circulation events［C］．SPE 94434，2005：254－259.

[42] 李蔚，石梅，乐建君，等．微生物对胶态分散凝胶体系成胶性能的影响［J］．大庆石油地质与开发，2002，21（1）：67－69.

[43] Farquhar G B，朱薇玲，姚煦春．聚丙烯酰胺和甲醛对几种油田细菌的影响［J］．国外油田工程，2000，16（3）：31－32.

[44] 黄峰，卢献忠．硫酸盐还原菌在含水解聚丙烯酰胺介质中的生长繁殖［J］．武汉科技大学学报（自然科学版），2002，25（1）：45－48.

[45] 程林波，张鸿涛．废水中聚丙烯酰胺的生物降解试验研究初探［J］．工程与技术，2004，(1)：54－58.

[46] 黄峰，卢献忠．腐生菌对水解聚丙烯酰胺降解过程的研究［J］．石油炼制与化工，2002，33（3）：5－8.

[47] 孙晓君，王志平，刘莉莉，等．油田驱采出水中聚丙烯酰胺在SBR中的生物降解特性研究［J］．化学与生物工程，2005，(2)：16－17.

[48] Grula M M. Interaction of polyacrylamides with certain soil pseudomonads［J］. Dev. Ind. Microbial, 1981, 22 (3): 451－457.

[49] Takeshi Ohura, Ken I Kasuya, and Yoshiharu Doi. Cloning and characterization of the polyhydro－xybutyrate depolymerase gene of pseudomonas stutzeri and analysis of the function of substrate－binding domains［J］. Applied and Environmental Microbiology, 1999, 65 (1): 189－197.

[50] Nuria Obradors, Juan Aguilar. Efficient biodegradation of high－molecular－weight polyethylene glycols by pure cultures of Pseudomonas stutzeri［J］. Applied and Environmental Microbiology, 1991, 57 (8): 2383－2388.

[51] 韩昌福，郑爱芳，李大平．聚丙烯酰胺生物降解研究［J］．环境科学，2006，26（1）：151－153.

[52] 韩昌福，李大平．聚丙烯酰胺生物降解研究进展［J］．应用与环境生物学报，2005，11（5）：648－650.

[53] 隋军，石梅，孙凤荣，等．以石油烃类为唯一碳源提高采收率菌种的研究［J］．石油学报，2001，22（5）：53－57.

[54] 冯庆贤，郃庐山，滕克孟，等．应用微观透明模型研究微生物驱油机理［J］．石油学报，2001，18（3）：260－262.

[55] Voordouw G, Amstrong S M. Characterization of 16SrRNA genes from oil field microbial commuities indicates the presence of a variety of sulfae－reducing, fermelltative, and sulfide－oxidizing bacteria［J］. Applied and Environmental Microbiology, 1996, 62: 1623－1629.

[56] Morrow N R. Thermodynamics of capillary action in porous media［J］. Ind. Eng. Chem, 1970, 6 (1): 32－56.

[57] 尹志青，赵明宸，高进峰，等．耐高温微生物驱油提高低渗透油藏采收率先导性试验［J］．河南石油，2002，16（5）：21－23.

[58] Marzocca M P, Harding N E, Petroni E A, *et al*. Location and cloning of the ketal pyruvate transferase gene of xanthomonas campestris［J］. JBacteriol, 1991, 173 (23): 7519－7524.

[59] Pollock T J, Mikolajczak M, Yamazaki M, *et al*. Production of xanthangum by sphingomonas bacteria carrying genes from xanthomonas campestris［J］. J Industr Microbiol Biotechnol, 1997, 19: 92－97.

[60] 卜宗式．激光诱导金盏菊原生质体融合方法初探［J］．激光生物学，1993，(2)：282－283.

[61] Hopwood D A, Wright H M. Bacterial protoplast fusion: recombination in fused protoplasts of Streptomyces［J］. Mol. Gen. Genet., 1978, 162: 307－317.

[62] 甘志波．微生物原生质体融合：问题与对策［J］．微生物学杂志，1996，16（1）：46－51.

[63] Ball C. Microbial protoplast in industry. Unesci Workshop HongKong, 1985: 1－25.

[64] 黄英，郭鹏飞，张翠竹，等．由原生质体融合技术改良高温采油微生物［J］．南开大学学报（自然科学版），2003，36（1）：109－113.

[65] 宋绍富，张忠智，俞理，等．原生质体融合技术构建高效驱油细胞工程菌的研究［J］．油田化学，

2004，21（2）：187－190.

[66] 谷建伟，姜汉桥，王增林，等．微生物采油数学模型发展现状［J］．油气地质与采收率，2002，9（4）：5－7.

[67] 雷光伦，陈月明，高联益．微生物驱油数学模型［J］．石油大学学报（自然科学版），2001，25（2）：46－49.

[68] 黄英，郭鹏飞，张翠竹．由原生质体融合技术改良高温采油微生物［J］．南开大学学报（自然科学版），2003，36（1）：109－113.

[69] 白宝君，李宇乡，刘翔鹗．国内外化学堵水调剖技术综述［J］．断块油气田，1998，5（1）：1－4.

[70] Brown L R，Vadie A A and Sephens J O. Slowing production deline and extending the economic life of an oil field：new NEOR technology［C］. SPE 75355.

[71] 王惠，卢渊，伊向艺．国内外微生物采油技术综述［J］．大庆石油地质与开发，2003，22（5）：49－53.

[72] Holton R A. Method for preparation of taxol using β－lactam. US 5175315.

[73] 张忠智，李庆忠，王洪君，等．微生物采油中监控技术进展［J］．石油化工高等学校学报，2002，15（2）：14－17.

[74] Lazer I. Development of MEOR technologies and the history of MEOR field tests［J］. PakiStan Journal of Hydrocarbon Research，1998，（10）：11.

[75] Islam M R. Mathematical modeling of microbial enhanced oil recovery［C］. SPE 20480，1994.

[76] Zhang X. A mathematical model for microbial enhanced oil recovery［C］. SPE/DOE 24202，1996.

[77] Chang M M. Modeling and laboratory investigation of microbial transport phenomena in porous media［C］. SPE 22845，1991.

[78] 李习武，刘志培．石油烃类的微生物降解［J］．微生物学报，2002，42（6）：764－767.

[79] Taylor P P，Pantaleone D P，Senkpeil R F，*et al*. Novel biosynthetic approaches to the production of unnatural amino acids using transaminases［J］. Trends in Biotechnology，1998，16（10）：412－419.

[80] 李蔚，刘如林，梁凤来，等．一株聚丙烯酰胺降解菌降解聚丙烯酰胺及原油性能研究［J］．环境科学学报，2004，24（6）：1116－1121.

[81] 廖广志，石梅，李蔚，等．以部分水解聚丙烯酰胺和原油为营养源的微生物筛选及性能评价［J］．石油学报，2003，24（6）：59－63.

[82] 马世煜，陈智宇，刘金峰，等．大港油田港西四区微生物驱先导试验［J］．油气采收率技术，1997，4（3）：7－12.

[83] Hunt J A，Ryles R G. Determination of water soluble polymers containing primaryamide groups using the Starch－Triiodide method［J］. Society of Petroleum Engineering Journal，1997（6）：151－155.

[84] 王业飞，由庆，冯刚．聚合物驱产出液中聚丙烯酰胺相对分子质量和水解度的测定方法［J］．中国石油大学学报（自然科学版），2006，30（1）：90－92.

[85] Santoni D，Romano S V. A gzip－based algorithm to identify bacterial families by 16S rRNA［J］. Lett Appl Microbiol，2006，42（4）：312－314.

[86] 朱麟勇，常志英，马昌期，等．部分水解聚丙烯酰胺在水溶液中的氧化降解——高温稳定作用［J］．高分子材料科学与工程，2002，18（2）：93－96.

[87] Hopwood D A，Wright H M. Genetic recombination through protoplast fusion in Streptomyces［J］. Gen microbial，1979，111（1）：137－143.

[88] Kim B K，Kang J H，Jin M，et al. Mycelial protoplast isolation and regeneration of Lentinus lepideus［J］. Life Sci.，2000，66（14）：1359－1367.

[89] Kao K N. A method for high frequency intergeneric fusion of plant protoplast [J]. Planta, 1974, 115: 355-367.

[90] Zimmermann U, Friedrich U, Mussaner H, *et al*. Electromanipulation of mammalian cells: fundamentals and application [J]. IEEE Trans Plasma Sci, 2000, 28 (1): 72-82.

[91] 张闻迪，赵白，王秋，等. 激光诱导泥鳅卵细胞融合——一种新的细胞融合方法 [J]. 生物工程学报，1988，4 (4)：298-303.

[92] 罗雯，陈志勤. 微生物原生质体融合技术及其在育种中的应用 [J]. 西安联合大学学报，2003，6 (4)：5-9.